你若盛开 清风自来

女人先对自己好一点

田安丽◎著

中国纺织出版社

内 容 提 要

人生匆匆，人亦渺小，作为女性，面对激烈的社会竞争、紧张的生活节奏、复杂的人际关系，想要获得轻松、快乐的生活，就必须善待自己。

本书旨在启发女性读者善待自己，轻松、快乐生活，帮助女性提升思想境界和内在的修养。学会善待自己，给自己的心打开一扇窗，让温暖的阳光照进来，让每位女性朋友都能享受生活的美好。

图书在版编目（CIP）数据

你若盛开，清风自来：女人先对自己好一点 / 田安丽著.--北京：中国纺织出版社，2018.3（2018.4重印）
ISBN 978-7-5180-4624-9

Ⅰ.①你… Ⅱ.①田… Ⅲ.①女性—幸福—通俗读物
Ⅳ.①B82-49

中国版本图书馆CIP数据核字（2018）第014750号

责任编辑：闫　星　　特约编辑：李　杨　　责任印制：储志伟

中国纺织出版社出版发行
地址：北京市朝阳区百子湾东里A407号楼　邮政编码：100124
销售电话：010—67004422　传真：010—87155801
http：//www.c-textilep.com
E-mail：faxing@c-textilep.com
中国纺织出版社天猫旗舰店
官方微博http：//weibo.com/2119887771
三河市宏盛印务有限公司印刷　各地新华书店经销
2018年3月第1版　　2018年4月第2次印刷
开本：710×1000　1/16　印张：13
字数：198千字　定价：36.80元

前言

岁月如梭，时光匆匆而逝，许多女人每天都在不断奋斗，为了工作挑灯夜战，为了家庭不断奔波，为了明天而担忧。

在奋斗的过程中，女人们经历过、得到过、失去过……如果说人生是一场戏，那么自己就是唯一的主角。作为女人，我们在自己人生的舞台上，绽放着属于自己的光芒。我们哭过、笑过、抱怨过、原谅过，其中有得到也有失去，有时失去的比得到的更多。但是，面对这种状况，我们不要悲伤、抱怨，不要就此放弃。人生在世，除了悲伤，还有快乐，要学会善待自己，让自己快乐起来。

女人善待自己，为自己的生活添加快乐。快乐是一种心境，是一种选择。人们都希望自己是快乐的，但在现实社会中，面对多重压力，各种纷杂的事情让人感觉难以应对，让人感觉身心疲惫。这些都是可以理解的，但什么都无法阻挡我们快乐的心情。快乐还是不快乐都是自己的选择，我们不快乐，只是因为我们没有选择快乐而已。

女人善待自己，就应该学会在自己的多重身份中找到平衡。在现代社会，女人有多重身份。在工作中，你既是上司的下属，又是下属的上司；在家庭中，你既是子女的母亲，又是丈夫的妻子。在不同的身份中转换，就需要肩负不同的责任和义务。这就要求女人做好角色之间的转换。

女人善待自己，就要呵护好自己的内心。一个女人有了宽容的心，就能够不沉浸在过去的伤痛中。既然选择了自己的生活方式，不管结果如何，都不要抱怨，更不要悔恨。有些事情我们无法改变，我们就可以改变自己，调整自己，忘记那些消极的情绪，你就是一个快乐的人。你可以抛掉过去，活在当下，迎接美好未来，每天都给自己一个新的希望。

只有善待自己，我们才会远离烦恼和忧愁；只有善待自己，我们才会活得充实，生活才会更加丰富多彩。

编著者

2017年6月

目录

第01章

这个世上，没有人有义务比你更爱你自己

在这个世界上，你能依靠的只有自己，没有人有义务比你更爱你自己。当你身处逆境时，不要总想依靠他人的力量渡过难关，而忘了自己也有战胜困难的力量。爱不一定是他人给予的，你也可以爱自己。女人应该学会生活，学会爱自己。

不要听从那些反对的声音，学会支持自己

在现实生活中，有的人缺乏主见，不敢轻易冒险，固守自己的生活。有的人不切实际，好高骛远，想要一飞冲天，结果是几经失败，前途一片黑暗。其实，即使身边有反对的声音，你也要坚持自己的想法，做自己的忠实拥护者。

几乎每个人都想要别人认同自己，很在乎他人的评价，并对此患得患失，以致为了迎合他人而不断改变自己的想法。其实，想要获得所有人的支持是不可能的，生活是你自己的，你只要听从自己的内心，不随波逐流就能掌握自己的命运。

不能坚持自己意见的人，就像墙上的无根草，随风飘摇，找不到自己的方向。连自己都不相信的人，也很难获得他人的认同，还谈什么成功呢？

黑格尔说："世界精神太忙碌于现实，太驰骛于外界，而不遑回到内心，转回自身，以徜徉自怡于自己原有的家园中。"每个人都有自己的特色，与身边的人各不相同，我们身上都有自己的优点，不要总是一味地不相信自己，只顾着听取别人反对的声音，认同别人，而失去自我。有人说："生活中并不是缺少美，而是缺少发现美的眼睛。"我们应该学会认同自己，学会欣赏自己，学会支持自己，发现生活之美。

当自己的意见和别人不同的时候，也要相信自己，不要轻易质疑自己的想法，也不要试图依靠他人的力量来做抉择，要做一个有主见的人。遇到任何事

情，都要坚持自己的主见，不要连尝试一下的机会都没有，就否决了自己。如此，怎么检验自己想法的正确与否呢？何谈获得经验和成长呢？

1.别人提供的意见具有片面性

很多时候，女人在茫然无措的时候，总是会寻求身边人的帮助，想要听取一下他们的意见。但是你所寻求帮助的人毕竟不是当事人，无法站在你的角度全面思考问题，对事情的认识也可能不清晰，因此，他们所提的意见具有片面性。在你想要听取别人意见的时候，自己要清楚，别人提供的意见只能作为参考，不能不经思考就按别人的想法行事。否则，不仅对解决问题毫无帮助，还会伤害自己。

2.不要把希望寄托在别人身上

有的女人在不知所措的时候，总会想要依靠他人的力量渡过难关，希望别人能够提供解决问题的方案。可是，这是你自己的事情，能依靠的只有你自己，谁也不能一直在你的身边时时守护着你，别人也无法替你的人生做主。当明白了这些，你就会知道未来的路该如何走，如何更好地处理问题，掌握自己的人生方向了。

3.要考虑清楚自己的想法

别人在提意见的时候，说的都是他们内心的想法。但人们受生活经验或文化水平的影响，对同一事物的看法也各不相同，且不能每次想事情都面面俱到。因此，对于别人的建议我们要保留，别人对待某件事情的看法也许并没有什么参考性，我们要慎重做出选择。我们在不知如何抉择的时候，不妨先问问自己，究竟想要什么，想要如何做，抛开他人的意见和建议，听从自己内心的真实想法。

4.做自己人生的主人

如果你总是活在别人的意见和建议中，总是随波逐流，就很容易迷失自我。当你听从别人的意见并实施过后，你可能发现这个办法对解决你所面临的问题并不适用，因为这是别人的经验之谈，并没有根据你的具体情况做出调整。所以，不妨在身边有反对声音的时候，学会支持自己，遵从自己的内心，更好地掌握自己的人生方向，创造美好未来。

智慧寄语

女人要学会支持自己，欣赏自己，才不会迷失自己。如果你总是听从别人的意见，没有自己的坚持和想法，只会让别人远离你。女人要有思想，有自己的目标，有自己的人生规划，自己的人生自己做主。

你都不同情自己，还有谁会同情你

每个人的生活都是既有阳光灿烂的日子，也有一片黑暗的时候。如果你身边的人正处于人生低谷中，你会如何做呢?

你身边的人或者电视中的人物遭遇了挫折或者重大打击，你会自然而然地生出同情。如果你的朋友正经历失败的打击，你希望通过自己的鼓励让他重新站起来；你的朋友遭遇亲人的离世，你希望用自己的陪伴温暖他的内心。你总是在关心别人，同情别人，善待他人。

可是，比起善待他人，你更应该学会的就是善待自己。我们总想着成为别人坚强的后盾，却忘了在这个现实世界中自己也会受到伤害，也有不可触碰的伤。总想着温暖别人，却忘了自己有时候也处在寒冷的冬季，需要被阳光照耀。

我们是不是在自己最好的时候爱自己，而在自己状态不好的时候不对自己表达同情之心呢？如果你都不同情自己，还有谁会同情你？

1.同情别人，就是同情自己

与人交往中，如果在别人遇到困难的时候，你对别人表达适度的同情，并及时伸出援手，别人也能感受到你的真情实意，他们就会喜欢你。渴望得到同情实际上是很常见的心理需求。人与人在互相接触的过程中难免产生一些小矛盾或小摩擦，以一种友善的态度向对方表达自己的谦让，是为人处世的正确哲学，正是我们需要学习的。

与他人能否友好相处，全看你能不能以同情的心理，设身处地为对方着想。如果你能领悟到这些并运用到实际生活中，你就能同时赢得别人的关注与同情。相反，你也可能成为被疏远的对象，这只是一点小小的细节，却能让别人看到你的真心。因此，学会适度对别人表示同情吧。

2.自我同情，进入好的情绪状态

自我同情包括被自己的痛苦所感动，去面对它，不逃避、不闪躲，以善意来减轻这种痛苦，抚慰它。这也意味着，完全接纳那些自己的低落、不足、失败，这种自我同情的情绪管理让我们在面对未来的重重考验时，也能不畏风雨，不失积极向上的情绪，不被焦虑和压抑等负面情绪所干扰，勇往直前。

3.自我同情，让我们离成功更近

自我同情不是导致自满与惰性的原因。恰恰相反，丢掉对失败的恐惧，我们才能够挑战自己。同时，坦诚面对自己的不足，让我们能够更好地了解自己的实力，哪怕事实证明我们的某些想法是错误的，我们也能更好地规划未来的人生方向。自我同情与真正的成就是携手相伴的。自我同情激励我们充满自信地不断勇敢前行，让我们离成功更近。

智慧
寄语

很多人都希望身边的人是积极向上的，而你在这样要求别人之前，是不是自己先成为这样的人呢？有的人因为遭遇一点挫折，就感叹命运的不公；有的人因为自己的缺陷而怨天尤人、闷闷不乐；有的人因为一次失败，就一蹶不振。对于这样的人来说，他们首先应该意识到，自己爱自己，自己同情自己，才能让别人也爱上你，才能让你更好地走向成功。

忙是为了生活，慢是为了享受生活

开心的人知道适当地放慢前进的脚步，享受一下沿途的风景。而郁闷的人总是嫌步伐太慢，从而沦为速度的奴隶。

现代人生活节奏太快，人们出现了很多心理疾病，比如抑郁症、焦虑症等。我们的忙碌也是为了更好地享受，并不是为了更好地工作，这与我们的盼望相悖。我们应该学会放慢自己的脚步，享受慢生活。

慢生活，是一种生活心态。慢生活是现代人的一种向往，让人们回归更加自由的生活状态。但这种状态并不是每个人都能达到。当我们还无法达到这种状态之时，我们能做的就是不断向它靠近，相信终有一日会实现。

1.慢生活并不是止步不前

提倡慢生活，并不是说消极对待工作和生活，而是学会平衡工作和生活。给自己一点放松的时间，抛开那些烦恼和忧愁，听听音乐，享受一个舒服的休闲时间；和家人外出旅游，欣赏大自然的美好景色；和朋友聚会，分享生活趣事等。通过这些事情让自己紧张的神经得到放松，享受慢生活。女人应该学会爱自己，慢生活就是对自己最好的犒赏。

2.慢生活，思考人生

慢生活是一种心态，让人变得积极向上。心理学家经过反复研究发现，人的心态能够决定人的命运。如果你无法掌握自己的人生，就会被人生所驾驭。所以你的心态决定你会是坐骑，还是骑士。慢也是一种生活的感悟，只有让生活的步调慢下来，才能让你有重新审视自己的时间，才能换个角思考问题，才能走出迷茫，清楚自己的未来方向。

3.慢生活，知足常乐

只要你能挣开心灵的牢笼，不被外界的各种因素所诱惑，总是秉持着知足常乐的原则，总是活在当下，你就能满足于现在的生活。学会欣赏身边的美好，更能清晰地听到自己内心深处的声音，就能活出自我，享受到生命中的那些美好。

智慧寄语

在当今社会，很多人都处在一种快节奏的生活中，若一直持续这种状态必定有疲惫的时候。忙碌的工作过后，不如给自己一些休息的时间，享受慢生活，让心灵更加自由，心情更加愉悦，享受轻松、美好的生活。

呵护自己的身体，保持健康

身体就是我们的宝藏，我们要做的就是保护好它，让它免受其他疾病的危害，让它保持旺盛的生命力。我们应该善待自己，学会保护自己的身体。

试想一下，若没有健康的身体，我们如何领略四季的变换？如何享受生命的美好？如何追逐事业上的成功？如何掌握自己的人生呢？这些都需要健康的身体做保障。而你又为保持身体健康做过那些事情呢？经常参加体育锻炼吗？饮食规律吗？能够保证充足的睡眠吗？生病了会及时去医院医治吗？对于身体上出现的一些警告的信号，你关注了吗？身体健康与很多方面的事情都息息相关，这些都需要我们多加注意，并且这需要一个长时间的过程，不可一蹴而就。想要保持身体健康，应多注意以下几个方面：

1.多进行体育锻炼

生命需要运动，运动有益健康，但过少和过量运动都不利于健康。可根据每个人的年龄、身体状况和环境选择适当的运动种类，如登山、越野、旅游、游泳等户外运动。运动形式并不重要，重要的是量力而行，循序渐进，持之以恒。一天中有许多零碎的时间可以用来运动，做一个注重生活细节的人，打造健康的生活。

2.保持良好的情绪

保持心情愉悦也是获得健康的重要要素。“笑一笑，十年少；愁一愁，白了头”。不要小看良好情绪的作用，它对身体健康大有益处。良好的情绪可以使肺部扩张，促进呼吸。在紧张的气氛下，若对自己笑一笑，还能缓解紧张的情绪，使肌肉放松等。不仅如此，轻松愉悦的心情还有助于缓解紧张的综合征，对于减轻身体不适感如头痛、皮肤痒等症状也有积极作用。当我们有坏情绪的时候，应该及时地宣泄出去，可以和人倾诉、换个环境或者运动，找到适合自己的发泄方式，让自己重新找到好的心情，拥有强健的体魄，进而享受生活的美好。

3.充足的睡眠

充足的睡眠是正常工作和生活的保障。在经济飞速发展的今天，女性面对着工作和生活的双重压力，很多人开始饱受失眠的折磨，这已经发展为一种通病。研究表明，睡眠与我们身体健康有很大的联系，睡眠质量不佳会引起免疫力下降、情绪大幅波动等。在繁忙的工作后，别忘了给自己一些休息的时间。休息是为了更好地面对工作和生活，保证充足的睡眠，提高捶眠质量，让健康与我们常伴。

智慧寄语

女士们，拥有健康，你才能创造属于自己的美好明天。假如你面临着巨大压力艰难前行，假如你正遭受心理疾病的困扰，假如你的生活充斥着越来越多负面的因素，离健康的生活越来越远，不妨多学学保持健康的方法，找到昔日的健康与快乐，让生命中有健康相伴，为人生创造多重可能。

快乐是养生的唯一秘诀

随着精神生活的日益丰富和物质生活水平的不断提高，健康已经成为人们普遍关注的一个问题，人们开始注重养生，希望拥有强健的体魄，渴望长寿。

俄国著名生理学家巴甫洛夫说：“快乐是养生的唯一秘诀。”而人生的最高目标就是幸福快乐。拥有快乐，就相当于拥有了健康。学会获得快乐的方法，让自己的内心充满快乐与幸福，快乐生活，促进身心健康发展。

英国伟大的哲学家培根在《论养生》一文中说：“养生是一种智慧，非医学规律所能囊括，在自己观察的基础上，找出什么对自己有益，什么对自己有害，乃是最好的保健药品……在吃饭、睡觉、运动的时候，心中坦然，精神愉快，是长寿的最好药方。”

俄国著名生理学家巴甫洛夫说自己有三个医生；第一是安静，第二是快乐，第三是节食。快乐和健康也是有一定联系的，快乐能促进健康，因为快乐能带给人们心理上的愉悦和满足。

快乐是人生的主题，苦难也是人生重要的一部分。对于人来说，快乐是一种人生境界，对于生活来说，快乐是一种美好氛围。当你有负面情绪的时候，要及时做自我调节，将那些心灵的垃圾都清理干净，以积极、乐观的心态投入工作和生活中去，珍惜拥有，超越苦难，健康、积极地生活。每一天都给自己一个希望，让自己每天都拥有好心情。

拥有快乐心态的女人，也许她不是最优秀的，但是她知道生活的真正意义；也许她不是最美丽的，但却是健康、积极向上的，是有灵性的。快乐的女人是最美丽的女人，快乐像一缕暖暖的阳光，给家人带来欢笑，给朋友带来温暖，给生活带来惊喜，给自己带来自信和健康。一个整天愁眉不展的女人，即使她有美丽的外表又有什么意义呢?

人的生命是有限的。如果你是一个乐观的人，你每一天都是快乐的，那么人生就是有意义的。一个积极、乐观、生活充满快乐的人，必然是一个心理健康的人，而心理健康既是生理健康的重要保证，也是人类健康的最终标准。

1.要培养工作的兴趣

兴趣是开发潜能的动力，是工作的调剂。若你找到了自己感兴趣的工作，那么工作也就成了一种享受。若是你对自己的工作毫无兴趣，也要试着从工作中培养兴趣，对工作多投入些热情，这才能令我们在工作中也获得快乐。假如你在工作中拖拖拉拉、抱怨连连，那么工作也就成了一种折磨。不如试着在工作中找到兴趣，在工作中实现自己的价值，那么工作也就成了一件快乐的事情。找到了工作的兴趣，那么无论你做何种工作，工作都能为你带来快乐。

2.豁达的心胸

懂得包容，就不会斤斤计较，总是抓着他人的错误不放。心胸豁达的人，凡事高瞻远瞩，不会只顾眼前的利益得失。反之，那些不懂包容为何物的人，总是心量狭隘自私的人，处处与人计较，往往无法成大器。一如唐代诗人杜甫以“安得广厦千万间，大庇天下寒士俱欢颜”，表现其一心为民的广阔胸襟。如果能以豁达的心胸包容一切，自然能看见最美好的世界。

3.要对现实的生活知足

知足者常乐，不要将时间浪费在不切实际的空想中，最后落得个“此山望见彼山高，到了彼山没柴烧”的悲惨下场。对于自己所拥有的，我们要倍加珍惜，想要实现什么目标，就全力以赴地去勇敢追求，就能获得快乐。

4.多读书

书籍是智慧的来源，为我们打开了新世界的大门。读书可以开拓我们的眼界，帮助我们走出迷茫。通过读书，我们可以从中吸取知识，丰富自己的生活，提高自己的道德修养，可以内心深处获得快乐，也为美好的未来打下坚实的基础。

智慧寄语

人生一世，什么是最重要的呢？是事业、金钱、成就还是快乐？毋庸置疑，开心是最重要的。快乐是一切幸福的基础。每个人都可以获得快乐，快乐就在我们的身边。当你感觉压抑、情趣低落、寂寞的时候，不妨试着自己找寻一下快乐的因素，让那些不好的情绪全都消失不见。

第02章 生活本就不易，我们需要留多点爱给自己

生活本就不易，既然我们改变不了现状，与其不断发牢骚，不如试着改变自己来得更实际。试着每天多爱自己一点，试着少批评自己一些，学着肯定自己的努力以及付出，从错误中吸取经验教训，对于以后的挑战充满信心。试着和自己的每一部分和平相处，因为你的每一部分都是善良、单纯的，爱自己的美的同时，也别忘了爱自己的不完美。从这一刻起，做一个轻松的女人，用心地爱自己。

无论生活有多么艰辛，也别忘了微笑

生活本就不易，所以生活中我们难免会遇到各种坎坷，遭受各种挫折。面对生活给出的种种难题，意志不坚定的人，往往会向困难低头，在生活面前倒下，自暴自弃，似一具空壳。意志稍稍坚定一点的人，在生活的挑战面前，靠着对于生活刚刚建立起的信心，义无反顾地搏了一把，但这一次的成功却不是必然，而仅仅是一次偶然，所以当挑战再次来临，他们就像迷途的马儿，看不到希望，所以他们选择了退缩；意志坚定的人，敢于面对生活中的各种挑战，勇往直前，不克服困难绝不罢休。

人生酸甜苦辣，变幻无常，但这才是生活啊，少了哪一种体验，对我们来说都是一种缺憾。人生，不就是因为一次又一次的挑战，一次又一次的碰撞，才变得多姿多彩的吗？但是想要拥有绚烂多彩的人生又谈何容易。

那么怎样才能拥有不平凡的人生呢？

1.拥有异于常人的勇气

生活中怎么会有所谓的风平浪静和一帆风顺呢？想要前进，就要经历各种各样的不如意和坎坷。然而，生活中也不是所有人都能理解你的委屈，或者说不是所有人都愿意理解你的委屈，因为面对人生的各种挑战，我们每个人都筋疲力尽，安慰自己还来不及呢，又怎么肯花时间来倾听你的委屈。所以，别再找人诉说你的不易，用自己的勇气，战胜挫折，笑对磨难，赢得自己不一样的人生吧。

2.要懂得取舍

人生当中的很多时候，我们都在得不到和已失去之间来回徘徊。面对取舍，我们舍不得放弃现在所拥有的人或者事物，但又迫切地想要得到那些还未得到的事物，但人生又怎么可能按照我们的想法改变呢？所以别再逼着自己去追逐那些虚无缥缈的东西了，停下来让自己缓一缓，对自己好一点儿，好好地爱自己。或许你会说那样不就太安于现状失去斗志了吗，不是你说要勇敢面对人生当中的挑战吗？的确，我们是该拥有自己不断追求的东西，面对困难应该拼一把，但是偶尔也该试试以既来之则安之的态度来处世。那时你会发现，以前的自己只知道拼命奔跑，居然忽视了那么美丽的风景，错过了那么多美好的瞬间。所以，停下来，慢慢地走一走，好好地享受一下平静的生活，好好地，爱自己。

3.拥有乐观的心态

不怨天尤人，不自怨自艾，低调地、平凡地生活，又何尝不是一种无与伦比的享受呢。人生没有假设且只有一次，容不得半点马虎，所以别再去羡慕其他人了，其实你所拥有的又何尝不是别人所羡慕的呢。做一个乐观的女人，无论遇到什么情况，不必在乎别人的嘲讽，也不必用别人的标准来衡量自己，做那个最好的自己，好好地爱自己，并时常给那个美丽的自己一个微笑。

智慧寄语

女人啊，无论什么时候都别忘了微笑，别忘记用乐观积极的态度来面对生活，认真地对待人生的每一个时刻，要坚信生活之中出现的每一个挫折都是为了让我们变得更好的一次机会，笑对生活，笑对未来。

我们需要多说“我能行”

生活当中挑战与机会并存。面对机会，敢于挑战的人会抓住一切可以抓住的机会，努力地展现自己，虽然有时会失败，但是他们从来不会因为错过而后悔。相反，生活当中的大多数人都是没有勇气去挑战自己、抓住机会的，所以这些人往往会在以后的生活当中感到后悔。所以很多时候，我们失败的原因并不是我们能力不够，而是我们自己就已经在心里判定“我不行”。

一个人活在世上，最重要的就是心不死，精神不死。心不死就证明我们还活着，精神不死就意味着我们拥有丰富的精神生活。一个拥有丰富的精神生活的人，他的思维永远是活跃的、前进的，所以就算遇到人生阴沉黑暗的时候，也能很快预见到一切都会过去，所以那个时候，这个人是自信的。

“我能行”，看似简单的三个字，在现实生活中又有几个人可以做到呢？我们如何才能做到自信呢？

1.拥有坚定的信念

在漫长的人生旅途中，我们免不了要经历各种风霜雨雪，走过各种不平坦的人生小路，又或者经历各种各样的不幸。但是即便是在这种艰难的时刻，我们也不该放弃，要拥有战胜困难的坚定信念。我们首先要做的就是战胜自己，战胜自己对于未知的恐惧，相信这种种困难都难不倒我们，对于生活中所遇到的所有障碍，相信自己能无所畏惧地闯过去，并大声地告诉自己“我能行”。

2.坚持自我

人生当中，我们会拥有一个或者几个或大或小的目标，当你朝着既定的目标一点一点努力的时候，或许会有人嘲笑你的目标遥不可及，劝你还是趁早放弃，这个时候你往往感到的是彷徨和无力，不知道自己的目标是不是永远也达不到，犹豫到底要不要放弃。会有这种想法其实很正常，有时候打垮我们的其实就是别人的一句不认可。没关系的，只要你是正确的，一切就都不是问题，顶住来自各方面的嘲笑与压力，坚持自己的观点和立场，坚持自我。

3.坚信我能行

我们每天都有各种各样的事情需要去做，这些事有的很简单，有的很困难。简单的事对于我们来说简直是得心应手，但那些相对困难的事，我们不知道自己可不可以做得到。如果我们总是过度地低估自己，产生自卑心理，那么最后的结果往往不会超过我们的期望。如果自己坚信自己能行，那么在自己干一番事业的时候，就会对自己的工作拥有更大的抱负，事业也就会更成功。所以，面对未知，不要一味地否定自己，要多说“我能行”。

智慧寄语

我们每一个人，都是这个世界上独一无二的，可以被模仿，但永远不可能被替代。既然不可能被代替，那别人就做不了你能做的事，想不到你能想到的事，用不了你的思维，感受不了你的情感，所以，作为无可替代的你，又有什么理由不相信自己呢？从今天起，做一个自信的人，你会发现生活到处都是阳光。

梦想可以照进现实

人生在世，总要追求些什么，或追求金钱，或追求权势，或追求名望，又或者追求信仰、精神、梦想。有了追求，人似乎就拥有了方向，有了前进的动力，体会到人生的意义。人活着，埋头苦干固然重要，但别忘了偶尔你也可以仰望星空。

通往成功的途中，你可以一无所有，但你不能没有梦想。那么怎么才能让梦想照进现实呢?

1.制定周密的计划

在拥有梦想之后，我们要做的就是制定一份周密的计划。毕竟梦想是用来实现的，肯定不会是一时兴起，所以我们渴望成功，这时候一份周密的计划就显得尤为重要了。首先，一份周密的计划书可以指引我们每一步的行动，这样在实施的时候就算遇到麻烦也不会显得手忙脚乱。其次，计划可以让我们看到自己点滴的进步，激发自己的斗志，时刻提醒自己想要的是什么，不至于觉得迷茫。

2.保持良好的心态

心态能促进我们成功，也能导致我们失败，所以拥有一个良好的心态对于实现梦想至关重要。不要因为你的心态使你成为一个失败者。成功从来都不属于好逸恶劳的人，成功是那些肯付出心血与汗水，拥有积极乐观心态的人才能取得的。有时候同一件事会因为不同的心态而产生两种截然相反的结果，心态可以决定一个人的命运。

3.抓住机会

机会不是每天都有的，它只留给有准备的人。机会悄然而至，如果你犹豫不决，则将与它失之交臂，追悔莫及。被动地等待机会的到来，和守株待兔毫无区别，靠运气的事又有谁能说得准呢。这样只不过是白白浪费时间，而且这种行为无异于把成功的希望寄予在运气和那些无可预测的事情上，这样根本不会有大的成就。机会不等人，所以机会来临的时候，及时抓住它，别让自己因为错失良机而后悔。

4.注重点滴的积累

不要再抱怨自己的人生为什么不如别人平坦了，也别再羡慕别人的成功了，他们成功的背后一定有你没看见的付出。所有的成功都不是偶然，行动才是关键。只有行动和努力才能改变命运，取得成功。空有一个梦想，不付出努力，那梦想永远只是幻想，命运女神永远不会眷顾你。荀子《劝学篇》里提到“不积跬步，无以至千里。不积小流，无以成江海。”可见注重点滴积累的重要性。脚踏实地一步一步地向前走，注重点滴的积累，成功终将属于你。

智慧寄语

三毛说：“一个人至少拥有一个梦想，有一个理由去坚强。心若没有栖息的地方，到哪里都是在流浪。”的确，没有梦想的人，只是一具躯壳，找不到方向，终将迷失在现实的大潮之中。拥有梦想，并制定可行的计划，拥有积极的心态，敢于抓住机会，并付出相应的努力，梦想总有一天会实现，你终将会走向成功。

有一双善于发现美的眼睛

法国雕塑家罗丹说：“美是到处有的，对于我们的眼睛，不是缺少美，而是缺少发现。”的确，生活当中到处都是美，但是我们缺少的一双能够发现美的眼睛。

人生的道路漫长而遥远，我们每天都匆匆前行，忙忙碌碌，没日没夜地朝着自己所追求的东西前进，渐渐地我们开始忘记去注意我们身边的美景。其实生活又何尝不是丰富多彩的呢，我们为何不带着一双发现美的眼睛用心去寻找我们身边的美丽呢？试着放慢自己的步伐，体会生活中的悠闲与自得。

那么我们怎么才能拥有一双发现美的眼睛呢？

1.知足常乐

知足常乐，自己觉得自己满足了，那么内心就会觉得快乐。《老子》当中提到“祸莫大于不知足，咎莫大于欲得，故知足之足，常足矣。”周颐的《蕙风词话》中也提到“委心任运，不失其为我。知足常乐，不愿乎其外。”可见知足常乐是多么难能可贵的一种精神，就连古人也在追求内心的自足。知足常乐不等于故步自封、不思进取，而是对于自己已经实现的目标或者已经达成的成就的一种肯定和认可，从而使自己内心得到满足。等我们能够做到知足常乐的时候，就会放慢自己的脚步，会渐渐发现我们身边的美丽，会因为那种美丽而产生一种幸福感，生活也会因此而变得美好。

2.学会分享

《孟子》当中提到：“独乐乐不如众乐乐。”大概意思是说，一个人独自欣赏音乐所得到的快乐，不如和众人一起欣赏音乐所得到的快乐。其实分享的本身也是一种快乐，与他人分享，快乐的不仅仅是自己，也是他人，分享是一种素质，更是一种境界。学会分享，你就会觉得别人看你的眼光当中会多出敬佩与欣赏，在分享的同时，你的灵魂也会得到升华，会体会到“赠人玫瑰，手有余香”的那种喜悦。分享其实是相互的，不只是单方面的付出，当你真诚地与人分享时，也同样会收到别人的分享，那时，你收获的便不再只是一种快乐，还有一份情意，你会发现其实世界到处都开满了花朵。

3.关注细节

托尔斯泰说过：“一个人的价值不是以数量，而是以他的深度来衡量的，成功者的共同特点，就是能做小事情，能够抓住生活中的一些细节。”从古到今，从中到西，每一个成功的人都格外地注重细节，他们铭记“细节决定成败”的古训。而我要说的是，细节不仅能够决定成败，还能让我们注意到生活中那些别人看不到的美。一个注重细节的人，会因为一点小事、一个小细节而感到感动、惊喜又或是喜悦，那么他所收获的美将是我们的两倍之多。所以，从现在开始关注细节吧，积累生活中点滴的感动和美，让自己拥有一双善于发现美的眼睛。

智慧寄语

生活中不缺少美好的事物，也不缺少让我们感动而难忘的美好情感，只是我们常常为了不断地前进，被现实的残酷蒙蔽了双眼，内心当中找不到为之动容的美，从而忽视了身边很多美好的事物。试着解放自己的眼睛，解放自己的内心，解放自己的心灵，那时你会发现，你的眼睛会更加明亮，内心更加充实，心灵也更加美好，而美一直存在于你的生活当中。

懂得感恩的人更幸福

古人说："滴水之恩，当涌泉相报；衔环节草，以报恩德。"感恩，一直是中华民族的优秀传统美德。一个懂得感恩的人，才能使自己的心更加坦荡，使自己的心胸更加宽阔。人生在世，总有各种各样的不如意，与其整天惴惴不安，匆匆度过人生几十载，不如心怀感恩之情，感谢每一次挫折带给我们的教训，发现生活美丽的另一面，以乐观开朗的心态来面对生活中的酸甜苦辣，生活也会因此而散发出耀眼的光芒。

生活就像一面镜子，你对它笑，它也就会对你笑。心怀感恩的人，无论是否富有，是否成功，都能过得很快乐，都能笑对生活，生活也将对他微笑，幸福将伴其左右。

做一个懂得感恩的人，让生活充满阳光，是我们每一个人都心之向往的，那么我们要怎样才能拥有一颗感恩之心呢？

1.换个角度看世界

从古至今，有关人生的话题一直被人们不断探讨，结果也因人而异。其实，人生的意义从始至终都不是你所在的位置或者你所取得的成就，而是你所选择的角度和方向。在人生的道路上，我们每个人都会被迫地接受一些我们无法逃避的现实，如我们的家庭、背景、生长环境、容貌、才能等，这些都是我们没办法选择的。不仅如此，我们还要经受不幸、疾病甚至死亡。我们常常称之为“命运”，命运的好坏我们没有办法选择，但这不代表我们要听天由命。我们可以换个角度看世界，改变我们对人生的态度。当磨难再次来临，我们不再只是怨天尤人，而是换个角度看问题，心怀感恩之情看世界，将这次遭遇当作一次经验，一次借鉴。充满感激之情看世界，世界会给你想要的幸福。

2.体会最简单的幸福

幸福就像一个万花筒，不同的人有不同的看法。心怀感恩之情的人，会感动于最简单的幸福，比如春日的一朵鲜花、夏日的一阵清风、秋日的一颗硕果、冬日的一缕暖阳……其实我们拼命寻找的幸福并不遥远，它就在我们身边。体会生活中最简单的幸福，心怀感激之情，就会发现生活其实很美好。一个能够感动于生活中最简单的幸福的人之所以幸福，是因为他知道哪怕再小的事物都有它存在的理由，都值得被尊重，都应该被感激。

智慧寄语

感恩本来就是一个人应该具备的最基本的道德准则，是做人最起码应该具备的一种修养。不懂得感恩的人，不会了解一个事物的来之不易，体会不到感情的珍贵性，心灵麻木而冰冷，对生活失去热情，对周围的人毫无感情可言，那么这种人无论走到哪里都不被世人所接受。做一个心怀感恩之情的人吧，不去抱怨命运的不公，不再逆来顺受，试着感恩生活中遇到的每一个人，每一件事。感恩生活，生活也必定会善待你。

第03章

越是善待自己的人，越容易被这个世界所接纳

女人要懂得善待自己，享受美好的生活，让生命之花保持馨香芬芳。当我们面临越来越多的考验时，一定要呵护好自己，学会爱自己，让美丽与自己相伴，让我们被这个世界所接纳。

淡然处世，内心就不会乱

人生需要保持心不乱，每个人都应该掌握自己的命运，人生路上并不是一帆风顺的，很可能经历各种各样的挫折，这就需要我们保持淡定，直面挫折，直到到达成功的彼岸。

做一个淡然的女人，对于工作和生活，都在时刻努力着，每天都在成长，但不忘乎所以。我们不是女强人，不会错失生活中的精彩。我们应该知道，人生需要执着，但更重要的是学会淡然。

做一个淡然的女人，不被忙碌的工作占据所有时间，懂得给自己休闲的时间，充实自己的内心，让自己以淡然的心去面对未来的生活，让自己活出韵味，享受高雅的生活。

1.心不乱，不被情绪左右

生活中，女人很容易情绪化，受情绪的支配，经常沉浸在负面情绪中。女性本来就多愁善感，再加上不够淡然，就很容易走进坏情绪的陷阱，从而失去快乐。

其实，女人不应该为一点点小困难、挫折而烦恼，它们只是生命中的小点缀，不要刻意将它放大，从而影响自己的工作和生活。实际上，想不受情绪左右，只要把自己的想法转变一下，以全新的思维看待问题，积极发现生活中的美好，在失败中也能看到成功的希望。

卡耐基说过，在我们的生活当中，约有百分之九十的事是好的，百分之十的事是不好的。如果想要做一个淡然的人，就应该不被情绪所左右，将自己的注意力放在百分之九十的快乐事情上。如果你将过多的注意力放在不好的事情上，那么收获也将是不快乐的生活。

2.心不乱，正确看待得失

在名利中保持淡然比追逐名利更加困难，因为在追逐名利的过程中如果缺失了淡然之心则很容易迷失自我。付出和回报往往是成正比的，在获得名利之前我们也需要付出许多。名利如过眼云烟，只有在名利面前保持平常心，多一点淡然，才能不被名利所困。

3.身处逆境，淡然处之

生活不可能总是一帆风顺的，在身处顺境之时，应该居安思危；身处逆境之时，应该相信成功会到来。你不可能一直处在低谷之中，总有拨开云雾见天日之时。如果你因为一时的失意而失去自我，或者就此一蹶不振，那么就离成功越来越远了。

宝剑锋从磨砺出，梅花香自苦寒来。黑暗中也蕴含着黎明的曙光，只要有百折不挠的勇气和决心，淡然处之，就能获得自己想要的成功。

智慧寄语

做一个淡定的女人吧！选择一种坦然的人生态度，选择一种宁静的心境，多一点淡泊，胜不骄，败不馁，让自己的言行举止透露出一种优雅、从容，让自己的世界不乱。如此，当我们面对生活中的种种考验，都能淡然处之，必能收获风雨后的成熟以及荣辱不惊的淡然。

接受那些无法改变的事情，学会改变自己

每一个的人生际遇都是丰富多彩的、不断变化的，有阳光普照，也有身处黑暗之时，获得什么样的人生就看我们如何选择。成功的人选择在顺境之时，坦然接受，不倦怠，继续努力；逆境之时，不抱怨，接受现实，勇敢直面困难，成就自己精彩的人生。

生活就是因为有那些不完美的、我们无法改变的事情的存在，才显得愈加迷人。我们每天不断追寻，不断付出努力，就是想让自己的人生更加幸福、快乐，享受生命的美好过程。这个世界上没有完美的东西，也没有十全十美的人生。不断努力，追寻成功的踪迹确实是好事。但我们也应该接受现实，珍惜拥有的。只要珍惜拥有，接受现实，才能找准自己的人生方向，更好地把握人生。

生活中总是充满许多变数，若是能带来快乐，当然是坦然接受。但事情往往是向与之相反的方向发展，有时，它能给我们带来许多可怕的灾难，使我们不愿意面对，但是又无法改变。人生在世，谁都会遇到一些灾难或者难以改变的事情。对于这些客观事实，我们应该坦然接受。这是一种无奈，也是一种智慧、一种策略，更是一堂人生的必修课。

1.接受事实

遇到挫折的时候，我们曾经烦恼过，抱怨过，也曾为了改变而努力过，但那些已经发生的事情并没有什么改善。唯一能让我们解脱的只有我们自己。告诉自己，接受现实，别为那些既定事实而苦恼，不因过去的事情而烦恼，活在当下，享受生活中的美好。

你可以告诉自己，在客观事实面前，即使我们不接受它，也不会有所改变。所以，请抛掉那些不切实际的幻想，坦然接受命运的考验。

2.改变心情

人生没有过不去的难关，只有无法走出的情绪。现实生活中总有阴云密布的时候，狂风暴雨也时有发生，这些事情是无法改变的，我们无法掌握生命中的每一件事情，生活中的事情也无法皆如我们的意，但是我们可以改变自己的心情，让自己以积极的心态看待事情，用好心情让事情向好的方面发展。

当我们无法控制自己心情的时候，要及时宣泄自己的负面情绪，如向朋友倾诉、大声叫喊、去户外散步、旅游等方式，让自己重新获得好心情，去面对那些既定事实。

3.少些抱怨

抱怨就像思维的一种慢性毒药，让人变得消极，让人生少了些快乐。对于那些无法改变的事情，我们应该少些抱怨，改变自己，发现全新的生活。当那些抱怨的心理越来越少时，我们就能获得更多的快乐，就能更好地面对无法改变的事实。

智慧寄语

对于那些我们无法改变的事实，我们应该学会接受，唯有如此，我们才能在人生的道路上掌握好平衡。对于这种状况，我们还可以改变自己，就像回家的路上遇到了堵车，我们无法改变这个现实，但是我们可以选择绕道走，一样可以达到自己的目的。总之，改变自己才是明智的选择！

不要只关注结果，而忘记了付出努力

在生活中，我们想要获得，就应该学会付出。想要获得时间，就要付出时间；想获得金钱，就要付出金钱；想要获得成功，就要付出努力。

在生活中，一定要懂得付出，为成功创造条件。世界上没有不劳而获的事情，想要轻松获得成功是不可能的。那么，人为什么要学会付出呢？因为我们是为了梦想和目标而付出的，人生因为梦想而愈加精彩，如果失去了梦想，人生还有什么意义呢？付出是很有意义的，付出就如春天播下的一粒种子，在未来的日子里，你辛勤浇水、除草，为它的健康生长创造环境，当到了收获的季节，也能得到加倍的回报。

虽然付出和回报并不是绝对成正比的，有时辛苦付出之后没有任何回报，但是没有付出必定是没有任何收获的。就是因为这份珍贵的收获，即使我们明知道付出不一定有所回报，但哪怕有一丝丝可能的机会，我们都应该全力付出，去争取、去追寻自己的梦想。

人生在世，想要有所收获，就要学会付出汗水和努力，不要埋怨命运给我们的考验太多，成功都是靠自己的努力实现的。那么，为了成功我们应该做哪些准备呢？

1.勇气

有时候，我们和成功失之交臂只是因为缺少了一点点的勇气。在人的一生中，我们要面临许多的选择，是选择勇敢前行，还是就此止步；是向挫折屈服，还是不畏艰险，直面挫折。追梦的路上，我们需要勇气，只有那些内心有勇气的人才能最终获得成功。

我们对于自己的想法，没有付诸行动，往往不是源于事情本身，而是来自我们内心的恐惧，我们自己否决了事情的许多可能，让梦想成了空想。梦想与现实的差距其实并没有想象中那么遥不可及，只是看我们是否有尝试的勇气，若连尝试的机会都不给自己，何谈成功呢？唯有拿出勇气，付出努力，你的梦想才有实现的可能。

2.找准自己的方向

对于人生而言，努力固然重要，但是也要以找准人生方向为前提。很多人不能获得成功，就是因为没有找准自己的人生方向，虽然付出很多，却对实现目标并没有什么是帮助，到最后才发现自己在人生的路上找错了方向，却已浪费了许多时光。

想要成功，我们就要找准自己的方向，切忌盲目。若人生没了方向，就很可能做无用功，虚度光阴。只有找准了人生方向，制定合理的目标，才能到达成功的彼岸。

3.激情

柏拉图曾说过，“如果一个人的激情，无论是在快乐中还是在苦恼中，都保持不忘理智所教给的关于什么应当恐惧、什么不应当惧怕的信条，那么我们就因他的激情部分而称每个这样的人为勇敢的人。”

激情源于一个人的内心，它会使人们对世界充满热情，让人们更加有向上的力量，让生活多了点阳光。激情是成功人生的基本要素。一个人一旦失去了对生活的激情，那么生活中就会越来越感受到无聊、压抑等不良的情绪，处于这样的状态就很难有所成就。

智慧寄语

人生在世，想要获得成功，就要学会付出。不要埋怨没有机会让我们施展自己的才华，成功从来都是靠自己争取的。勇敢付出从来都是伟大的唯一路径，只有付出才能给自己的人生创造更多的可能，成就不凡的人生。

不为还未发生的事情担忧，活在当下

每个人都会遇到一些无法解决的问题，都会产生一定的忧虑情绪，但也不要过分地忧虑。现实生活中，有的人有忧虑的习惯，遇到事情的时候，首先启动的就是忧虑的神经，对那些还未发生的事情而担忧。其实，你所忧虑的事情并没有想象中那么可怕，那些事情也大多不会发生，毫无事实根据的忧虑只会困扰我们的工作和生活。

今天有今天要完成的事情，明天也有明天的烦恼，很多事情是无法预知的。若让自己沉浸在还未发生的事情的担忧中，只会给自己增加一个枷锁，束缚住自己今天的脚步，给自己徒增烦恼，让自己身心疲惫，对于改变未来根本毫无意义。

既然没有什么存在的意义，又何必自寻烦恼，透支明天的快乐呢？

不要为未发生的事情忧虑并不是说可以任意挥霍今天，而是以积极的心态面对现实，脚踏实地走好每一步，为明天做好准备，创造美好的明天。当完成今天的事情，就不必为明天而担忧。当烦恼真正到来了，再考虑解决的办法也不晚。

不为未发生的事情忧虑，需要采取积极的行动，活在当下，努力做好现在的事情，这是应对明天的烦恼的最好办法了。正如俗语所说的那样“车到山前必有路，船到桥头自然直。”应做好今天的事情，以积极的心态面对明天，就算所忧虑的事情真的到来，有积极的心态相伴，也能让事情向好的方向发展。

那么，怎样摆脱忧虑的烦恼呢？

1.活在当下，采取积极的行动

想要摆脱忧虑，你可以现在就采取积极的行动。当自己在追梦的路上不断前行，每天的点滴进步都能在一定程度上减少忧虑。对于明天有许多的担忧，特别是将自己的注意力放在那些可能出现的事情上时，就可能导致忧虑与压力的出现。你应该先做好一个计划，一旦发现事情有向你所担心的方向发展的趋势，就应该开始着手做一些积极的事情。

2.做出更明确的决定

当你想远离忧虑的时候，你就应该马上做出一个明确的决定，哪怕决定并不是正确的，但也比什么都不做、整天活在忧虑中要好。当自己做出决定时，压力也就随之消失。若你深受忧虑的影响，不妨现在就做出明确的决定，或者开始积累做出决定所需要的素材。若在实施的过程中，发现自己的决定是错误的，只需要调整自己的决定就可以了。

3.不要有所期待

期待自己可以完美解决问题，比处理问题本身带来更多的忧虑与更多的伤害，而这些都源于我们对于解决问题的过度期许。事实上，我们需要全面了解事情，积极、正面地解决自己所面临的问题，让忧虑远离自己的生活。

智慧寄语

如果你总是为未来而忧虑，不妨试着让自己保持愉悦、积极的状态，不杞人忧天，自寻烦恼，让自己从忧虑中解脱出来，享受更多生活中的美好。

不要因拖拉害自己一事无成

一般来说，每个人的身上都存在着一定的惰性，在完成任务的时候，往往都喜欢把事情拖一拖。再加上有时自制力比较差，没有时间观念，最后往往影响做事情的进度，生活也开始变得一团糟，这就是所谓的拖拉的习惯。

在人生的路上，拖延就是成功的绊脚石，是最危险的恶习，让人们失去进取之心。一次的拖延就可能养成拖延的习惯，以至于问题长久得不到解决。

俗话说："今日事，今日毕 。"做事拖拖拉拉，只会让眼前的问题发展得更严重，给我们的工作和生活带来深远的影响，也让我们错失了很多成功的机会。因此，面对生活，我们应改掉拖拉的习惯，勇敢面对困难，寻求解决问题的最佳办法。

有人曾经这样说道："惰性是一种慢性毒药，它慢慢地征服勇气，使其变得迟钝。"由此可见，拖拉、惰性会严重影响一个人的健康成长。因此凡事要立即行动，减少拖拉的可能，摆脱事事拖拉的习惯。

虽然拖拉和性格有一定的关系，但造成拖拉的主要原因还是不良的生活习惯。有些人缺乏时间观念以及做事情的方法，注意力无法集中，因此也就养成了做事拖拖拉拉的习惯。那么，想要摆脱这个习惯，应该从哪些方面入手呢?

1.做好计划，合理安排休息时间

做好计划对于改善拖拉的习惯有积极的帮助。日程表能够有效地帮助我们规划一天的生活。对于每天要做的事情做一个合理的安排，在什么时间应该做什么事情，自己都应该有个计划，并能够按照自己的计划行事，不要因为上个任务没有完成而耽误下一事件的完成，不要拖拉了事。当然，我们也要注意劳逸结合，会休息的人才能更好地做事，适当地放松一下自己，听听音乐或者慢跑或做一些体育运动等，都是不错的选择。休息的时间可安排在完成一个小任务之后，算作对自己的嘉奖。

2.做事情分清轻重缓急

我们应该学会分清事情的轻重缓急，要合理安排，不要避重就轻。在有限的时间内，在分清事情轻重缓急的基础上，先集中时间完成比较重要的事情，当完成之后，再做那些不太着急的事情，即使拖拉一些也没有太大的影响。利用好琐碎的时间，可以在不知不觉间完成那些琐碎的事情。当然，也不可因为担心事情完成不了而故意将事情排在后面，影响做事情的整体效率。

3.换个环境，想想办法

造成拖拉的一个常见原因就是当时并没有想到解决问题的办法，特别是那些需要创造性思维的难题。我们每个人都有思路不清晰或者不顺畅的时候，若长时间维持这种状态，拖拉的现象就会发生。此时，我们需要做的就是换个环境，转换一下思路，激发一下灵感，对于解决问题产生些有帮助的想法，及时地解决问题。

智慧寄语

做事拖拉是一种恶习。人生苦短，若虚度光阴，将时间浪费在一些没有意义的事情上，自己生命的价值就在不断减少，最终留下只会是悔恨。女士们，生命匆匆几十载，看似我们有很多的时间可以挥霍，其实时间是用一分少一分，从现在开始，做一些有意义的事情吧，在还有机会的时候创造一些美好的回忆。

第04章 要做到善待自己，先认识真正的自己

在这个被各种压力充斥的社会中，女人一定要学会善待自己，享受生活，享受作为女人的幸福，让自己越活越精彩！而想要做到善待自己，首先要做的就是全面地了解自己。

今天的低头是为了明天的抬头

“人在屋檐下，不得不低头。”在现实生活中，有时是被现实所迫，有时是受外界其他因素的影响，我们不得不选择低头。低头是一种审时度势之后智慧的选择，该低头时就低头，韬光养晦、等待时机，方能一举成功，有所作为。

人生在世，世事难料，每个人不可能一直一帆风顺。在遇到困难的时候，不屈不挠的精神固然值得赞誉，但选择低头也是一种智慧。学会低头、学会忍耐，正是为了韬光养晦，为了未来做准备，待哪日机会成熟之时，我们就能很快到达成功的彼岸。“是金子总会发光的”，正如沙子也无法掩埋金子的光芒一样，低头并不能掩藏我们的学识与才华的施展，收敛锋芒，不仅是一种自我保护的手段，也是成就大事的前期准备工作。

在人际交往中，我们需要学会适时低头，今天的低头是为了明天的抬头，低头是为了让自己看见自己，而抬头是为了让他人看见自己。如果你在追梦的过程中只顾着抬头奔跑，那么最终的结果可能使你永远抬不起头。

在历史的长河中，懂得适时低头，在后来一举成功的例子不胜枚举。这些人都曾有过失败的岁月，都知晓适时地低头。暂时的低头并不是真正的放弃和屈服，而是一种隐藏在内心的不屈不挠，这就是他们能够有所成就的秘诀。

那么，我们怎样才能学会适时低头做人呢？

1.低头做人需要立足于健康的自我价值观

学会低头并不是承认自己能力不足，而是在树立一种健康的价值观。如果你无法把握自己的价值，可以一步步不断培养，通过练习“吸纳愉悦体验”和“发现自己的优点”等方法，加深对自己优点的了解。

2.学会低头并不是容忍不公正的对待

学会低头并不是说我们面对社会中的种种不公平现象视而不见，而是应该大声说出这种不公，并且尽自己的能力解决问题。知晓自己随时可以变得坚决果断，能获得轻松、自由的生活，也更能体会到谦虚的重要性。

3.一个谦虚的人会希望所有的生命都安宁

学会低头做人，学会谦虚，并不是说你要与自己的梦想背道而驰。在这个过程中，你仍然可以靠自己的力量去追寻自己的梦想，只不过你获得的更多是内心的充实，而不是那些虚名。

4.要注意回想自己没有低头做人的时刻

在人际交往过程中，你是否有任何傲慢、瞧不起人、自吹自擂的现象，总是想要与人一争高下，或者对别人不屑一顾，横加贬低。在与人交往的时候，我们要学会尊重对方，设身处地地为对方想一下，不要总是想胜过别人，应该学会倾听，学会谦虚，让彼此的关系更加和谐。

智慧寄语

当理想只是一种想法的时候，它就成为了空想；当你只知道大步向前，而不知道自己未来的方向也只能是无用之功。想要到达成功的彼岸，除了有梦想的指引外，还要有艰辛的付出才有机会获得成功。我们应该记住：在前进的路上，不要忘了抬头看清前进的路，低头看看自己的努力。

每个人都要先认识自己

当我们在找不到人生方向的时候，我们首先做的不应该是思考人生是否公平，讨论机遇是否曾经被我们错失。此时，我们最应该做的就是先认识自己，从而了解自己的内心世界，更好地把握自己的人生方向，实现自己的人生梦想。

所谓的认识自己，就是知道自己的优势和劣势、内心的真实想法、自己力所能及的事情。只有认清了自己，才能诚实地面对自己；认清自己，才能找到自己的人生方向。一个人只有先认清自己，才能在漫长的追梦路上不迷失自己，这样的人生才更加有意义。

每个人都有优势和劣势，换句话说也就是每个人都有不足及局限性。你若扬长补短，发挥自己的优势，弥补自己的缺点，那么成功也就指日可待了。

但现实是，有的人高估自己的能力，只看到自己的优点，而忽略了自己的缺点，以至于未能准确发现真正的问题。当局者迷，旁观者清，在认识自己的过程中，若你能站在一个比较客观的角度看待问题，深入了解自己内心深处的想法，在此基础上制定人生计划，找准人生定位。那么，你的人生将因此而精彩。

那么，我们如何做到正确地认识自己呢?

1.自我开放有助于认识自己

如果一个人离群而居，把自己锁闭在自我心灵的小圈子里，他就不可能得到友情，也不可能真正地认识自己。自我开放是认识自己的前提条件，但也是有一定限度的，一个人不可能也不应该没有自己的隐私，而且自我开放也应有地点、对象的限制。如果你在大街上当众披露自己的个人隐私，别人一定觉得你神经有问题；同时你也不能对喜欢搬弄是非、把你的事张扬出去的恶人开放自己。一般可以向彼此比较了解、知道对方情况的知心朋友倾吐个人的心事。

2.通过别人的态度认识自己

其实我们可以通过他人了解自己，他人对自己的态度就是最好的反馈。正如心理学家柯里所说："人与人之间可以互相作为镜子，都能照出他面前的人的形象。"别人是喜欢你，还是讨厌你，是乐于和你交往，还是远远躲着你……这些都对我们认识自己有帮助。

如果别人喜欢与你交往，那么说明你有一些值得发扬的优点；如果别人不喜欢与你交往，那么就意味着你有一些别人无法忍受的缺点，这就需要你加以改正了。但是别人的态度只能作为参考，也不是绝对的，其中难免有个人的主观性。不妨和更多的人接触一下，全面了解他人对自己的态度，认识更加真实的自己。

3.与别人相比较认识自己

马克思说过："人起初是以别人来反映自己的。"在自我认识的形成中经历了一个"社会比较过程"。在与人交往的过程中，我们常常想要和他人比较一番，从而确定自己的能力和个人形象，对认识自我有一定的借鉴作用。若比较的对象都是自己生活圈子里的，往往有一定的局限性，很容易使人产生自满的情绪，因此还要适度地与自己的偶像相比较，和历史上的名人相比，这样就不会故步自封，才会发现自己的缺点，发现差距，从而激发向上的力量。

4.通过工作和学习成果认识自己

每个人都是独一无二的存在，都有自己的优点，有的人对音乐有天赋，有的人运动细胞发达，有的人组织能力强……俗话说"三百六十行，行行出状元"。现实生活中，我们应该多参加活动，通过活动发现自己的闪光点，激发自己的潜力，实现自我价值。同时发现我们的缺点，以后可以有针对性地克服弱点，扬长避短。

智慧
寄语

古人早就说过："临渊羡鱼，不如退而结网。"一个人在探索这个世界之前，首先应该做的就是认识自己。只有如此，才能明白自己内心的真正需求，才能找准自己的定位，为未来的发展打下基础。一个人生活在这个世界上，首先要做的就是认识自己，只有认识自己，才能了解自己，才能真正明白自己的心灵究竟需要什么。认识自己是人生智慧的开始。

按自己的意愿生活

在这个世界上，有很多的力量在影响着我们：恐惧是阻碍我们前进的绊脚石，自信是成功必备的无形的力量。在这些心理力量中，还有一种帮助我们找到人生方向的动力，这就是意愿的力量。但是，有的人违背了自己内心的意愿而生活，甚至不惜伤害自己。

很多时候，我们不断奋斗，不断奔跑，但是最后却忘了奋斗的目标，不知道究竟是什么力量推动我们不断追寻，不知道自己在向前奔跑，还是向后退缩。其实，这就是人在奔跑中忘了自己真实一面的表现。

要想按自己的意愿生活，我们首先就要找到自己的意愿。

1.了解自己

尼采曾说："聪明的人只要能认识自己，便什么也不会失去。"我们每个人只有正确认识自己，充满自信地勇往直前，才能不被困难打倒，不迷失方向，到达成功的彼岸。只有正确认识自己，才能掌握自己的人生，确定自己的人生方向。只有有了正确的人生目标并充满自信地为之努力，才能实现自己的梦想。

只有在认识自己的基础上，我们才能更好地了解人生，掌握人生方向，为自己的人生书写很多的华美篇章。在未来的日子里，我们不妨多花点时间在认识自己方面，一个人只有认识自己才能更好地经营自己的人生。

2. 制定完善的计划和标准

想要把事情做得尽善尽美，你心中就应该有一个衡量的标准，做好计划。在计划中，前期的调查、别人的经验、可能遇到的困难等都需要考虑到，我们应该尽可能全面地思考问题，不出现纰漏，影响事情的完成情况。

我们制定计划一定要注意以实际情况为基础，不可脱离了现实，从而使目标也成为一种空想。为此，制定计划时不要超过你的实际能力范围，而且内容最好详尽一些。

3.立即行动，勤奋才能产生行动

勤奋和效率是有一定联系的。假设在相同条件下，当一个人努力工作时，他所产生的效率肯定会大于他懒散时的工作状态。高效率的工作者都懂得这个道理，他们在工作中勤奋努力，实现了别人几辈子才能够达到的目标，所以，我们应该重视勤奋的力量。

智慧寄语

对人生而言，努力很重要，但选择好努力的方向更重要。很多人不能成功，原因在于方向的错误。许多人埋头苦干，却不知为何，到最后才发现成功的阶梯搭错了方向，却为时已晚。正确的人生方向能让我们少走一些弯路，更会激励我们向目标前进。

很多时候，心灵也需要一个避难的地方

“心有多大，舞台就有多大。”思想决定行动。很多时候我们的心的确很勇敢、很博大，引领我们不断追寻梦想，创造属于自己的辉煌。那我们心灵的空间究竟有多大呢？

若是把我们的心灵比喻成一间房子，那么在我们出生时这所房子就是空的，随着我们慢慢长大，我们不断吸收外界的思想、事物等，这所房子内开始有了越来越多的东西。在这些东西中，有了一些积极的因素，如自尊、勇敢、坚强等；还有一些消极的因素，如自私自利、懦弱等。随着时间的推移，我们的内心也逐渐丰富起来，但是一个问题出现了，内心的这所房子有时会显得杂乱不堪，甚至有些摇摇欲坠。这是因为这座房子的空间有限，不可能将所有的东西都容纳在内，这就需要我们做定期清理，给心灵释放空间。

在我们的内心深处，曾经经历过的悲伤的、失落的事情，都占有一席之地。心里的事情一多，心也就跟着乱了，使人变得心烦意乱，情绪低落。我们应该学会定期清理，为快乐准备更多的空间，让黯淡的心变得明亮，让杂乱变得整洁，让我们远离消极的情绪，走向快乐的生活。

1.学会宽恕

受到伤害的时候，你可以选择怨恨或者宽恕。你若选择宽恕，则会获得内心的平静。宽恕是一种能够让矛盾消失于无形的能力，宽恕也是一种修养，让我们积极地去原谅对方，获得更多的朋友。学会宽恕，就是能让我们少受些伤害，多些朋友，收获快乐的生活。我们应该尝试着用广阔的胸襟去看待问题，这样既是给对方一次机会，也能减轻自己内心的负担，让心灵重归宁静。学会宽恕吧，和别人发生矛盾的时候，宽恕别人也是宽恕自己，让自己走出伤害的阴影，远离那些痛苦，让生活充满阳光。

2.转移注意力

在生活中，我们之所以不快乐，很多时候都是由我们的心态决定的。有的人在遇到挫折或者困难的时候就沉浸在悲伤中，开始失去了走下去的勇气，失去了快乐，成为情绪的奴隶，就此一蹶不振。其实，在遭遇挫折的时候，我们不妨学着转移自己注意力，将注意力放在自己感兴趣的事情上去，可以选择听听音乐、做做运动、散步等。在这段时间内，我们能调整自己的情绪，让自己平静下来，将那些烦恼抛到脑外，享受快乐的时光。

人生需要快乐的因素，需要温馨的环境，也需要一颗宁静的心，而坏情绪却让我们陷入焦虑和烦恼之中，与这些愈行愈远。与其如此，我们不如学会调节自己的情绪，通过转移注意力，让内心重新恢复平静，让那些快乐重新回到我们身边。

3.学会换位思考

每一件事情都有很多面，你从不同的角度看待就会有不同的体会。自己十分渴望的事物当得到了之后可能就是另一种境界，也可能变成很坏的东西；反之，你十分讨厌的东西也许正是别人十分渴望的。当你以积极的心态看待世界，你所看到的就是美好的世界；当你以消极的态度看待世界，那么世界将变得一片黑暗。无论以何种态度看待问题，都在于你自己。当无法改变事情本身的时候，换个角度看待，将会看到不同的面貌。

学会换位思考，以不同的角度来看待问题，以积极的心态面对我们所面临的挫折或者困难，重新解读人生，看到世界的另一番景象。

在换位思考的过程中，我们就能减轻心灵的负担，让我们的心灵得以解脱，成为一个快乐的人。学会换位思考，站在不同的角度看待问题，就会化解很多矛盾，让快乐与我们常伴。

智慧
寄语

心灵也需要一个避难的地方，若是让心灵负重太多，则会将我们推向痛苦的深渊，让我们寸步难行。解放心灵，摆脱各种物质的纠缠和精神的捆绑，让快乐照耀进我们的生活。

人生没有逃避的理由

人生在世，有快乐也有悲伤，每个人的人生都不可能是一帆风顺的，当我们遇到挫折的时候，当我们遭遇失败的时候，当我们情绪低落的时候，当自己必须独自面对困境的时候，我们不应该选择逃避。要知道，适者生存，优胜劣汰，只有那些懦弱的人才会选择逃避痛苦，生活的智者敢于直面生活的痛苦和磨难而毫不退缩，继续充满挑战的生活。也许逃避可以让我们暂时逃离困境，但是却无法让我们一直脱离现实，既然如此，我们就不应该逃避痛苦。你骗得了别人，但是骗不了自己，也许你可以解脱自己一时，但是却不能让自己快乐一世。既然如此，我们应该明白，人生没有逃避的理由。

人生有酸甜苦辣，没有吃过苦的人何尝能体会到甜的美好，一味逃避那些令我们痛苦的事情，终将沦为生活的弱者，不能享受到真正的人生。

人生百态，痛苦和磨难都是生活重要的部分，它们都有存在的意义。逃避了人生的苦，就等于放弃了品尝甜的机会，就等于放弃了完整的生命。

美国著名脱口秀主持人奥普拉·温菲里说过：“成功最大的秘密就是没有秘密，不管你有什么愿望，只要勇于付出就一定能够得到。”在这个世界上，没有谁的人生是一帆风顺的，那些痛苦的事情并不是只有一个人要面对，逃避并不能解决问题。但是，若直面痛苦，我们就会发现生活的另一番景象，我们也能看到那些我们逃避的困难其实并不是那么难以克服。心有多大，舞台就有多大，只要敢想敢追、勇往直前，就一定能得到成功的青睐。

古人说：“为将之道，当先治心。泰山崩于前而色不变，麋鹿兴于左而目不瞬，然后可以制利害，可以待敌。”谁也无法预料明天将会发生什么，谁也无法了解未来我们将会遇到何种困难，我们能做的就是学会不逃避，勇于直面现实。一旦能够养成不逃避的好习惯，我们就能更好地实现自己的目标。

生活中，那些看似难以解决的问题只不过是我们将它的难度放大了，只要勇于面对，积极寻找解决的办法，那么我们就能很快走出困境，走向更加充满希望的明天。

人生漫长，我们总是会遇到各种各样的困难。遭遇这些困境，你是选择逃避还是选择直面它们，将决定你未来的生活。

1.拒绝依赖他人

有些人在生活中喜欢依赖别人，本来已经能解决的问题总希望别人能助自己一臂之力。其实，我们能依靠的只有自己，谁也无法一直在我们身边等着我们去求助。如有的人在工作中遇到难题，虽然能依靠自己的力量解决，但是还要让同事帮忙，那么，自己一个人的时候又该如何解决呢？我们要从这些事情中找到自己的劣势，在今后的工作和学习中不断弥补不足，培养自己独立做事的能力，不再逃避现实。

2.不惧怕失败

在生活中，我们会遇到很多不顺的事情，不要被失败或者困难打败，不要惧怕失败，失败是一种宝贵的人生经历，面对失败也不要逃避。否则只能被现实打败，成为一个失败者。不如选择成长为一个勇敢的人，直面现实。

智慧寄语

在追逐梦想的路上，我们总会遇到各种各样的考验，总要经历失败。面对这些现实，有的人采取逃避的态度，用各种理由为自己开脱。其实，困难并没有那么难以克服。我们应该做的就是勇敢面对，不逃避任何问题，勇往直前，等待成功的到来。

第05章 对自己真正的善待，首先是悦纳不完美的自己

一个人只有首先喜欢自己，才能够真正喜欢别人。能够勇敢地面对自己，无论是优点还是缺点都能坦然接受，这样的人往往心智成熟、个性豁达。人生根本没有所谓“十全十美”的事情，凡事尽力而为即可。无法改变的事情就不要过度在意，要学会善待自己。这样，你才能成为一个幸福快乐的女人。

不悔恨过去，不担心将来，活在当下

在生活中，很多人悔恨过去，担心未来。其实，这些想法不仅不能改变过去或者将来，还可能使我们陷入无尽的悲伤和忧虑中，也让我们失去了在今天创造美好未来的机会。我们应该学会活在当下。

智者常劝世人要“活在当下”。所谓的“当下”又是指得什么呢？“当下”指的就是现在你所做的努力，你正在做的工作，你在完成的事情，你所处的环境，你目前的生活。“活在当下”就是将自己的目光放在这些人、事物等方面，更好地过好今天，为明天做好准备。

而事实上，很多人做不到这样，他们总是无法专注在当下的生活，不知道从现在开始努力，而担心未来将会遇到何种困难，或者活在过去的悔恨中。假若我们将时间浪费在过去或者将来的事情上，没有把握住现在，那么你将无法获得快乐的生活，也无法创造美好的未来。一位作家这样说过：“当你存心去找快乐的时候，往往找不到。唯有让自己活在现在，全神贯注于周围的事物，快乐才会不请自来。”人生的意义或许就是享受当下的生活，体会人生中的美好，我们可以全力以赴追逐梦想，从今天开始付出努力。每一天过去后，我们不会充满悔恨。昨日终究已经过去，明日还没到来，无论我们如何思考都无法改变它们，我们唯一能做的就是把握住现在。

人生在世，谁不希望未来是美好的呢？也许我们之前曾经有过过错，也许我们担忧未来，但这些都毫无意义，不如活在当下，珍惜每一分钟，不断提升自我，为自己的明天努力。那么在未来，我们不仅能收获快乐的生活，还能取得成功。

1.活在当下，珍惜拥有

活在当下，珍惜拥有，珍惜时间，把握当下的每一分每一秒。也许我们现在所做的努力还无法拉近现实和梦想的距离，但我们的每一分努力都将在未来给我们反馈。不要因为一时的失败，而让自己沉浸在抱怨、失落等情绪中，阻碍自己未来的路。活在当下，珍惜现在的生活，哪怕你面对的是最严峻的考验，你也应该选择勇敢直面那些困难，把困难当作成功的阶梯。历史上的很多在自己的领域有突出表现的人都是最好的证明，他们分秒必争，实现自己的梦想。爱因斯坦在梦想的指引下，珍惜当下，不断奋斗，最后终有所成就。霍金不因自己的不幸而自怨自艾，而是用自己的能力证明自己。他正视现实，不断探索，终于证明了自己。成功就是由你当下的努力造就的，想要获得成功，我们就应该活在当下，珍惜时间，珍惜现在。

2.活在当下，抛掉过去

美国作家爱默生曾说过这样一段话："你已经做完了你能够做的事情。也许你昨天做过一些愚蠢荒唐的事情，但是你应该尽快忘掉。明天是崭新的一天，明天要好好开始，使你的精神昂扬振奋，不至于因为过去的错误而成为未来的累赘。"

的确，每一天都是新的一天，都有新的未知等着我们去探索，何必让昨日的痛苦影响今天的自己呢？我们应该学会抛弃过去那些伤痛的记忆，开启一段新的旅程，迎接美好的未来。

时间是最好的良药，能抚平我们昨日的伤口，消除那些后悔、苦恼的情绪，为什么不让那些不好的都随时间的流逝而淡忘呢？女人应该学会忘记昨日的伤害，减轻心灵的负担，以更加乐观的心态去迎接未来。

3.活在当下，沉着应对未来

未来在乐观者的眼里是美好的期盼，而在悲观者的眼里未来是茫茫不知前路的旅途。有的人成天幻想着自己成功的那一日，功成名就，但是不肯付出努力，那么自己所幻想的生活何时能到来呢？有的人畏首畏尾，总是担忧未来，让自己陷入忧虑中。我们应该懂得活在当下，不管未来是阳光灿烂还是阴云密布，也不管现实是平坦还是坎坷，都要勇敢地走下去，为自己的梦想而奋斗。为了美好的未来而珍惜现在，懂得生活真谛的人是幸福的。把握现在，通过今天的努力创造美好的未来。

智慧
寄语

一个人若能把握住当下，珍惜所拥有的，人生将因此而精彩。如果我们能抛弃昨日的痛苦，勇敢前行，释放自己的全部激情，为未来的美好生活而不断拼搏，享受我们所拥有的美好时光，那么现实离理想也就不远了。

爱自己的本性，听从内心的声音

每个人都有自己的性格，都有自己的特征。性格是人对现实的态度和行为方式中较稳定的个性心理特征，也是个性的核心部分，最能表现个体的特殊性。

法国作家让·吉罗杜曾说：“从我们的幼年开始，每个人的身上就纺织了一件无形的外衣，它渗透于我们吃饭、走路以及待人接物的方式之中。”

古希腊著名伦理学家普卢塔克认为：性格只不过是长期形成的习惯而已。每个人的性格都是一个构造独特的世界，蕴含着巨大能量。它的爆发，既可以帮助一个人走向成功，也可能让一个人因一次次小小的失败就一蹶不振。这是因为性格影响着我们的行为。不仅如此，一个人具有的性格会影响他的人际关系、行为习惯等各个方面，从而决定一个人的命运。

每个人都有自己的独特个性，这也就决定了每个人看待问题、处事风格等方面都有所不同。有的人热情大方，有的人认真踏实，有的人认真稳重，有的人做事拖拖拉拉……但“金无足赤，人无完人”，每个人都有优缺点，可能在某些方面有所不足，然而在另一方面却表现突出。

现实生活中我们大多按照自己的本性行事，但人们往往在一些小细节上，无法看透一个人的本性，常常因困惑而产生坏情绪，有时候我们会评价一个做了坏事的人“他本性是好的”，本性好，为什么还会做错事呢？

其实人的性格也是包括多个方面的，有积极的一面，有消极的一面，有阳光的一面，有阴暗的一面。正常情况下，理智往往能占主导地位，将那些不好的、消极的部分都压制下去，这就是高情商的表现。

每个人都爱自己的本性，按照自己的性格做事情。重新肯定自我的第一步就是建立起自己的价值观，不拿别人的标准来衡量自己，同时也必须学会克服性格中的缺点，发扬优点。我们只有懂得了这些，才会生活得更加快乐。

1.了解自己的性格

谚语有云：“播种行为，收获习惯；播种习惯，收获性格；播种性格，收获命运。”想要培养好的性格，就要先认识自己，认识自己主要是指了解自己的性格：自己是内向的、外向的，积极的、消极的，自卑的、自信的，自私的、无私的，严肃的、随和的，胸怀宽广的、心胸狭隘的，理性的、感性的，浮躁的、平和的，狭隘的、心胸宽广的……在此基础上，塑造自己良好的性格。对于自己性格中好的部分要加以发扬，对于那些不好的方面要注意克服，扬长避短。歌德说过：“人人都有惊人的潜力，要相信自己的力量与青春，要不断地告诉自己，万事全依赖自己。”

2.克服缺陷，保持优点

全面地了解自己的性格，找出性格中的优点和缺点，优点要继续保持，缺点需要不断克服。只有如此，我们才能获得自己想要的成功。正如世界上没有两片完全一样的树叶，每个人也都是独一无二的，每个人的性格也各不相同，但也没有谁的性格是趋于完美的，也没有人是没有任何优点的。同一性格特点，从不同的角度看，可能有不同的看法，就看我们如何运用。如某个人不会与人相处，总是独自一人，生活单调、规律，这样看似是一个缺点。但他可能在工作科研方面，认真刻苦，表现突出。

智慧寄语

每个人都希望获得成功，为了这个目标，我们不断努力，为了这个目标，我们付出多少也在所不惜。然而想要获得成功光有努力还是远远不够的，我们还需要注意良好性格的培养。在追逐目标的路上，也许我们会面临很多困难，但是我们也能获得很多快乐。为了让自己在今后的生活中获得更多的快乐和幸福，现在就行动起来吧，注重性格力量，完善自己的性格。锤炼性格，助力成功！

接纳不完美的自己

每个人都是独一无二的，有阳光积极的一面，也有消极悲观的一面；有成功的一面，也有失败的一面，每一面都是真实的自己，都是你的一部分。残缺也是一种美，我们应该学会接纳自己的不完美。

追求完美只是一种苛求，谁也无法达到完美。在这个世界上，完美只存在于理想中。既然完美并不存在，我们就应该学会接受自己不完美的一面，才能不断走向成熟。如果一味地追逐完美，我们只会活在悲伤和失落中，与快乐的距离越来越远。

那么，如何才能做到真正地接纳自我呢？以下几点值得借鉴：

1.承认自己的优点和缺点

每个人都有自己的缺点，我们要想真正地接纳自己，就应该先学会接纳自己的缺点。当然，每个人身上都有自己的闪光点，你不要只看到自己的缺点而忽略了优点。如何才能更了解自己呢？你可以列举出自己身上的优点和缺点，小的细节也可以包括在内，引出的优点和缺点自然是越多越好，这样才能更好地了解自己，更好地接纳自己。也许，刚开始的时候你很难认清自己，无法归纳自己的优点和缺点，但你可以听取别人对你的评价，从而正确地认识自己，分析自己的优点与缺点。一段时间后，你就会发现接纳自己的优点和缺点也不是那么难的事情，而且当你意识到自己的缺点后，你也会不断地提升自己，你就会拥有越来越多的优点。

2.正视自己的负面情绪

每个人都有或多或少的负面情绪，如气愤、悲伤、嫉妒、抑郁等。当这些负面情绪出现时，你不要过度地压抑它，也不要否定它的存在。即使你假装自己没有什么负面情绪，可以骗过别人，但是却永远无法骗自己的内心。当然，你也不必因此而悲伤，产生负面情绪是十分正常的现象。那么，遇到这种情况，你该如何处理呢？

你要做的就是客观看待你的负面情绪，承认嫉妒、生气、恐惧的存在。如果你能正视它们的存在，这就是一种勇敢的表现。其次，你要懂得，人类的负面情绪是有存在价值的，负面情绪能保护好我们脆弱的心灵，可以提醒我们对自己所面临的状况有所警觉。例如，嫉妒是在告诉你，你在某些方面不如对方；生气是在告诉你，你在乎这件事情。当了解了这些内容以后，你就能以更加平静的心态面对负面情绪。

3.无条件地接纳自己

不管你是聪明的，还是愚笨的；是能力突出的，还是平庸的；是性格活泼的，还是性格内向的，这都是你，你应该懂得无条件接纳自己。接纳自己就是承认自己的所有优点和缺点，接受现状，不再因自己的缺点而悲伤。当你完全接纳自己后，你再试着弥补自己的不足，发扬自己的优点，也要注意不要过度地苛求自己，不必事事追求完美，对自己也要多一分宽容。

智慧寄语

世界上本没有绝对完美的人，如果一定要让自己做得面面俱到，结果往往是适得其反、得不偿失。因此，请学会换一个角度、换一种心情来欣赏自己的不完美，人生便会充满阳光。

很多时候，我们都是在自己吓自己

爱默生曾说："恐惧比世上任何事物都更能毁掉人类。"人生在世，我们总是会有各种各样的恐惧，这些恐惧包括：对未发生事情的恐惧、对客观事物的恐惧、对已经发生的事情的恐惧、对自然灾害的恐惧、对疾病的恐惧、对失败的恐惧等。恐惧在一定范围内是不会对我们造成不良影响的，但若是超出一定范围，则会对人产生严重危害。所以，我们应该尽量避免恐惧情绪的产生，有了恐怖的情绪后，也要有效地调节自己，最好将恐惧控制在一定范围内。恐惧是所有人都害怕的事情，法国大作家蒙田也说："在这个世界上，恐惧是我最害怕的一件事情。”

恐惧是由人曾经经历过的事情或者受到的伤害引起的，它表现为大脑的一种非正常状态。很多时候，我们所惧怕的事情并不会发生，大多都是在自己吓自己。

恐惧的产生与曾经经历过的事情有联系。俗话说：“一朝被蛇咬，十年怕井绳。”有的人曾经受过某种刺激，大脑中有了记忆，再遇到类似的情景的时候，那些过去的情景就会被唤起，就会产生恐惧感。恐惧感还与人的性格有关，一般从小性格内向、害羞的人，长大后也不善交际，也更容易产生恐惧感。

心理专家指出，当恐惧发展成为一种习惯，它就会成为心理上的负担，它使人谨慎小心、犹豫不决。被恐惧包围的人，容易失去积极性，失去前进的动力，从而影响目标的完成。

世上本没有那么多值得我们恐惧的事情，大多是自己吓自己罢了。恐惧就是给自己设置的障碍，将自己困于无休止的自我折磨中。人们拒绝接受恐惧，但是它已悄然深埋在人们心中。

那么，该如何克服恐惧呢？

1.正确认识恐惧

我们常常无法直面恐惧。当我们意识到恐惧的存在的时候，总是刻意地躲避它，忽略它，然而这并不能帮我们消除掉恐惧。我们只有正确认识恐惧，清楚它的来源，学会与它相处，才能找到克服恐惧的办法。

恐惧能摧残一个人的意志和生命，它能影响人的身体、拉低人的素质、削弱人的生理与精神活力，它能蒙蔽人们的双眼，让人们看不到希望，使人离成功越来越远。

当我们意识到自己有了恐惧，要提醒自己，千万不能被恐惧打败，不要成为恐惧的奴隶。你越恐惧，它就越会摧毁你的生活。当你勇于直面自己的恐惧，就会发现，自己拥有的能量远远超过自己的想象。无论是何种恐惧，我们都应该选择直面，重新找回心灵的力量。

2.树立正确的人生观

人生观不同的人，对待同一事物也会有不同的见解。有的人太在乎名利与金钱，就很容易产生不安全感。当你受到外界的刺激而产生恐惧情绪的时候，要学会正确看待客观事物，不患得患失，不自己吓自己，才能在生活中获得幸福、快乐。

3.丰富科学知识

恐惧心理有时是由于缺乏系统的科学知识，自己没有根据地胡思乱想而造成的，正所谓“愚笨不安宁产生恐惧，知识和保障拒绝恐惧”。如果面对事物，能用科学知识加以解释和分析，而不是用恐惧对待。那么一切也就没那么难以解释了，你所面临的问题也就顺利解决了。

4.转移到美好的事情上

有时候恐惧是因为曾经不愉快的经历引发的，它让我们回忆起当时的痛苦、无助。你可以试着将自己的目光转移到美好的事情上，回忆一些美好的、愉快的经历，让我们的内心重归平静，从而控制心中的恐惧。

5.加强意志锻炼

要想克服恐惧心理，就应该在日常生活中多做一些加强意志的训练。平时遇到事情的时候，即使是从内心深处很恐惧，也要保持镇定，正确看待客观事物，从意志上安定自我并将那些恐惧逐渐消除。只要能从点滴做起，积极主动地做意志锻炼，正确看待客观事实，那么恐惧也就不足为惧了。

智慧寄语

有时，阻碍你前进的力量来源于你的心态，绊倒你的并不是障碍，而是你自己。唯有放平心态，解开沉重的束缚，你才能乘风破浪，勇往直前，到达成功的彼岸。

放下过去，给自己一个崭新的开始

人从出生起就拥有一个崭新的开始，新的世界、新的希望、新的一天……随着年龄的增长，我们开始有了自己的思考，选择了不同的生活方式、人生方向，人生也开始了新的篇章。当我们走向社会，遇到了挫折、困难，在痛苦中不断迷失后，想要一个重新开始的机会。人生有多少重新开始的机会，又会发生多少难以预测的事情呢?

其实，重新开始并不可怕，重新开始是对生活的重新审视和调整，是对未来的探索和感知，真正可怕的是我们无法放下过去，给自己一个崭新的开始。

在人生的旅程中，我们总是不断得到一些东西，而手里的东西又舍不得放弃，那么它们终将成为我们肩上沉重的负担，让我们前行的脚步越来越慢。到了最后，我们会身心疲惫，无法到达成功的彼岸。不如试着放下过去，重新开始。

人生就是不断重新开始的过程。新的方向，新的选择，会改变我们的生活。今天既是一个结束，又是一个开始。过去的那些经历被淹没在时间的洪流中，回首过去，总会有些惊喜或者遗憾。若不放下过去，最后只会让自己不堪重负，唯有放下过去，才能更好地开始新的生活。

放下过去，是一种人生智慧。“不以物喜，不以己悲”并不是每个人都能做到的。但我们应该去尝试，试着抛掉过去，毕竟过去是已经过去的，我们只有今天努力付出，才能收获美好的明天。如果不想今天也成为未来不想回忆的过去，你何不试着活在当下，努力追求梦想，创造一个美好未来呢?

如何才能学会该放手时就放手?

1.体会放手的智慧

做事要懂得放手，不可强迫，因势利导，根据事物的发展趋势做事。佛经有云："应无所往，而生其心。"得失只在一念之间，我们学会放手，走出羁绊，万事万物都在得失取舍之中，把握了这个尺度就等于掌握了人生的钥匙和成功的机遇。所以我们要反省得失取舍的因果关系，切不可有得失之心。

2.放下紧张，轻松前行

我们不能把时间都浪费在紧张情绪上，更不应在追逐目标的过程中迷失自我。很多人往往为了追求物质的享受，让自己连休息的时间都没有。若真是如此，我们努力逃避挫折、考验和失败都于事无补，不安、失落、恐惧等情绪也就随之而来。这一切，都是我们没有放下紧张引起的。所以说，放下紧张才是让生活更加愉快的有效方法。让我们在完成工作后，学会适度地放松，将那些繁忙的工作和紧张的情绪统统抛下，让身心全部放松下来，享受当下的美好时光，以一种更加轻松的方式生活。

3.放下过去，成就未来

人生的路上不可能一直都是一帆风顺的，在过去的那些日子里，我们有过成功，有过失败；有过欢声笑语，有过悲伤难过；有过阳光普照的美好，也经历过狂风暴雨的洗礼。但无论我们经历过哪些失败、悲伤难过、狂风暴雨的洗礼，这些都成为我们宝贵的经历，成为一种积累，成为岁月的沉淀。有了这笔宝贵的财富，我们的人生将更加精彩夺目。

有了那些过去的经历，我们不再迷茫彷徨，我们不断前行，不断成长，不断探索新的人生，更好地实现自己的人生梦想。

智慧寄语

过去的岁月已经过去，我们还有现在和未来。我们要做的就是放下过去那些沉重的包袱，把握现在，畅想美好未来。如此，生活才能越来越好，回忆才能越来越美好。

第06章

向快乐前进，做一个懂得享受生活的女人

人不就是为了快乐地生活吗？名利、金钱、地位只是为了满足自己，让自己快乐、健康地生活。如果自己都无法享受到快乐，那么为何还要那些外物的羁绊呢？俗话说“笑一笑，十年少”，积极的心态是身体健康的基础，快乐让我们心情愉悦，使人对未来充满信心，能够直面挫折，勇往直前。从现在开始，做一个快乐的女人吧，享受美好的生活。

每天给自己一个希望

每一天，人们都想找到快乐与幸福。然而，生活并不是一帆风顺的，总有狂风暴雨夹杂其中，让我们陷入失望和痛苦之中，与内心的快乐失之交臂。这时，那些不好的情绪就像引领我们走向黑暗深渊的双手，企图将我们拉向深渊，从此与阳光、快乐无缘。而希望能带领我们走出阴霾，感受生活的美好，享受快乐的时光。希望还能激发我们产生向上的力量。当新的一天开始，给自己新的希望，让生活焕发勃勃生机。每天在希望中生活，人生也会因此变得精彩。

生活中要学着善待自己。因为人生在世，总会经历让我们快乐或者让我们痛苦的事情，快乐或者悲伤都取决于我们内心的感受。对待那些让我们痛苦的事情，我们应该学着接受它，坦然面对，将收获意想不到的惊喜。快乐也是一天，痛苦也是一天，就看你如何选择。在逆境中也不要忘了对自己笑一笑，给自己一个希望。希望赐予我们坚持下去的勇气，让我们能够坚定地走下去。在绝境中，给自己希望，才能不失求生的本能，不消极对待。屈原被放逐作《离骚》，司马迁受宫刑而作《史记》，他们在最艰难的岁月，都不曾忘了给自己希望，故成就了千古佳作！

但是若只给自己希望，而从不付诸行动也是无法获得幸福的。当然，若没有希望如同行尸走肉般生活也是万万不可取的，希望如同照进生活里的阳光，将一切事物都照亮，若是没了希望你只能生活在一片黑暗中。假如你遇到了挫折不后退，坚定地勇往直前，迎接你的将会是一片光明。

著名的成功学大师拿破仑·希尔曾说过："没有任何东西能够换取希望对于人的价值。当我们面对失败的时候，当我们面对重大灾难的时候，我们都应该将人生寄托于希望，希望能够使我们淡忘自己的痛苦。为我们汲取继续走向成功的力量。"当我们面临挫折时，当我们深处逆境之时，只要不失去希望，那么，终将收获成功。

1.凡事多朝正面想

当我们遇到无法解决的问题，往往就开始变得急躁、悲观、失望。这时候，最好不要逃避现实，而是承认客观事实，然后多向正面想，寻求解决问题的方法。当问题解决后，我们也要学会忘记那些不愉快的情绪，寻求合适的发泄情绪的方式，从而走出不良情绪的阴影。

2.转换关注点

一旦遭遇了困难，或者经历了失败，很多人会沉浸在过去的伤痛中，会想若昨日重来自己一定能做得更好，有时也会后悔当时的某个决定，如果不那么做就好了。但是，这些事情都是过去式了，已经无法改变了，你关注这些东西除了给你带来悲伤、抑郁的情绪，再也没有什么意义了。

当你出现类似的情况，你该学会抛下过去，将那些伤痛、不愉快统统抛弃，将关注点放在现在和将来，关心当下该做什么事情才能弥补自己曾经的错误或者挫折所带来的后果．想一想我们做什么能让未来更加美好。如此思考，我们也就告别过去，充满干劲地努力了。

3.找到适当的发泄方式

当你有不良情绪的时候，你可以试着向自己亲近的朋友倾诉心中的苦恼，听听别人的想法，让你能多角度看待问题，乐观看待人生中的一切。可以选择的发泄方式还有很多，如散步、游泳、跑步、看书、听音乐等。

每天给自己一个希望，无论是对你还是你身边的人，都有深远影响，让人更加积极、乐观。思维心理学专家史力民博士指出：“乐观是成功的一大要诀。”他说，失败者通常有一个悲观的“解释事物的方式”，即遇到挫折时，总是觉得即使自己付出努力，最后也不会有所收获。由于常常运用这种悲观的方式解释事物，不知不觉间失去了进取心，也就和成功越距越远了。不要悲观地生活，每天给自己一个希望，你将拥有更加丰富多彩的生活。

智慧寄语

我们每天有那么多有意义的事情去做，有那么多的目标要去实现，哪里还有叹息、悲伤的时间呢？不要把自己宝贵的时间浪费在一些没有意义的事情上。生命是有限的，希望是无限的。只要不忘每天给自己一个希望，你将拥有更加美好的人生。

怎样培养自己的格调

对于一个女人来说，美是一个永恒主题。的确，对于所有人来说，美都会使他们心旷神怡，而有魅力的女人同样能令人心旷神怡，得到别人的羡慕和赞赏。也许你没有美丽的外貌，但这并不妨碍你成为一个有魅力的人，你一样可以成为众人眼中的焦点。事实上，一个真正迷人的人也许没有美丽的容颜，但却拥有迷人的气质和高雅的格调。那怎样才算是有品位和格调呢？

人的品位并不是由他拥有多少金钱决定的，人的品位最主要来自内心的高贵品质。当然，一个人的格调是内在修养或者涵养的外在体现，格调是内在的不自觉外露，而不是表面功夫。如果是一个胸无点墨的人，那么无论他有多么华丽的服饰，也无法弥补内心的缺失。划分社会阶层的不是金钱和地位，而是品位和格调。品位和格调也是可以培养的，而且它们的培养只需要我们做出某些小改变，而不需要金钱的付出。想要培养品味和格调，要做到以下几点：

1.改变自己的生活态度

那些有品位、有气质、有格调的女人都是有梦想、有追求的人。她们热爱生活，为自己的梦想努力奋斗，生活是充实而快乐的。而那些内心空虚、意志消沉的女性是没有什么气质以及格调的。所以，女性们，想要培养自己的格调，就要改变自己的生活态度。

2.多读书

曾有人说："一个人的知识越多，越感到自己的无知。"书越读就越感觉读得少，越读就越觉得有读不尽的书。

读书对女人有很多积极的影响，它不仅有助于提高个人修养，还可以培养女人高雅的气质，让女性看起来更有格调，让女人保持永久的魅力。而一个不爱看书、不爱学习新东西的女人，很容易被社会所淘汰。要想做一个有魅力、有格调的女人，就要多读点书，让书为女人的魅力添彩。

3.多旅游，增加知识

古人说，"读万卷书。行万里路。"读书固然能增长我们的学识，出去走走也能增加我们的知识。忙完了工作后，你可以约上三五好友去郊外或者国外游山玩水，赏大自然的美好风光，体会各地不同的风土人情。在旅游中增加阅历，开拓眼界，让自己放松下来，享受旅行中美好的瞬间。

智慧寄语

人生不能只是追求享乐、富有，人生除了金钱还有很多更重要的事情，女人应该增加生活的情趣，培养自己的品位，提升做人的格调，让自己活得轻松、快乐。

有一份爱好是很快乐的事

当你所做的事情真是你感兴趣的事物时，你做事的效率就大大提高了。兴趣爱好能陶冶情操，让人变得更加聪明，还能给人带来快乐以及动力，做自己感兴趣的事的时候也同样会遇到困难，但因为有了兴趣爱好的鼓励，我们能很快走出困境。

一个人如果没有自己的爱好，整天浑浑噩噩，除了工作就是虚度光阴，那人生还有什么值得期待的呢？其实，兴趣爱好也是一种气质美的体现，意味着多才多艺。

在家庭和工作中，女性都有应承担的责任，总是忙忙碌碌。白天忙于工作，努力打拼；下班后回归家庭，还要做很多的家务，没有一点自由的空间。很多女人因为追求物质生活而每天忙于工作，最后获得了自己期待的成功，但是是以自己的身体健康作为代价。而有情趣的女人懂得适时享受一下自己的兴趣和爱好，每天给自己一点时间，听听音乐，弹弹琴，都是一种很好的方式。

女人要有自己的兴趣爱好，它能丰富我们的生活，帮助我们释放内心的压力，让自己拥有健康的生活方式。爱好是一种调剂，如果一个人除了工作就是吃饭、睡觉，没有一点自己的兴趣爱好，那么生活还有什么意义呢？没有健康的生活方式就不能保证身体上的健康。但也不能一直做自己感兴趣的事情，而忘了还有很多重要的事情等着我们去完成，有很多未知的事情等着我们去探索。

每天抽出一点时间来培养自己的业余爱好，做一些自己喜欢做的事情不仅可以增长我们的知识，还可以陶冶我们的情操，提升我们的修养。健康的爱好就会使人的精神有所寄托，生活更加充实，身心更加健康快乐。爱好本身就是让自己和别人快乐，拥有相同爱好的人或许可以走得更近。

同时，爱好也是你的人生的一个特色。兴趣爱好完全可以根据自己的喜好随意选择。爱好是发自内心的，是可以唤醒你对生命的热爱和激情的。无论你现在正经历成功，还是失败，只要你有了兴趣爱好，你的人生都将因此而更加丰富多彩。

当你开始感到疲劳的时候，不妨试着换一种方式，忘记伤痛，释放压力。在工作后给自己安排娱乐的时间，做自己感兴趣的事情，让生命中的热情和激情重新回到我们身边。

其实，兴趣爱好可以根据自己的实际情况尽情选择，并不限定在某一乐器、某一种运动等具体事情上，它可以是很缥缈的，但是它能成为你的精神寄托，让我们从中获得心灵的自由，这正是兴趣爱好给我们带来的最大影响。

想要培养良好的兴趣爱好，应从以下几个方面入手：

1.拓展自己的视野

在快节奏的现代社会里，女人必须随时充实自己，在不断学习中，努力拓宽自己的道路，为成就更好的自己做准备。当我们接触的事情多了，才能真正知道自己需要什么。在接触新鲜事物的时候，我们往往充满热情，但是一旦遇到了小困难，就开始退缩。而当我们遇到自己真正喜欢的事情的时候，很可能从中体会到别的事情中无法得到的乐趣，并且从中获得快乐和成就感。

2.找一个志同道合的朋友

在我们的人生中，不能没有朋友，因为他们是我们生命中的阳光，是我们感受快乐与进步的源泉，朋友有时还能决定我们的命运。与朋友相处的时间久了，他的兴趣爱好也就变成了你的兴趣爱好。而且，随着兴趣爱好的增多，我们认识的新朋友也就越来越多。我们在不知不觉间受朋友的影响，从而对自己的兴趣爱好更加投入。

3.持之以恒

李开复曾说过：“兴趣是有好坏之分的，积极健康的兴趣能助你扶摇直上，不良的兴趣则会将你推入万丈深渊。”女人应该培养对我们身心有益的良好兴趣爱好。好的兴趣爱好，才值得我们去坚持。想要从爱好中有所收获，也是需要付出的。例如，喜欢舞蹈的人练习舞蹈的时候就不会将这件事当作一种折磨，但想要在这方面取得优异的成绩，就需要一定的付出，就需要持之以恒的坚持。

智慧寄语

兴趣爱好丰富了我们的生活，给我们带来快乐与幸福，还可以让我们忘掉年龄，忘掉伤害，走出情绪的陷阱，让快乐和幸福在我们心间。生活本来就是美好的，不要因为其他的小事忘了享受这些精彩，培养自己的兴趣爱好，让生活充满快乐与幸福。

抱怨生活不如改变生活

有句话说得很好：“与其抱怨黑暗，不如点亮蜡烛。”汽车大王亨利·福特也说过：“别光会挑毛病，要能寻找改进之道。”抱怨只会让我们越来越悲观，对解决问题没有任何帮助。想要走出抱怨的陷阱，我们首先就要直面事实，抛开抱怨，寻求解决问题的方法。

抱怨，可以说是人们生活中的一部分，它的影响渗透到生活和工作中的方方面面。卡耐基说："在地狱中，魔鬼为了破坏爱情而发明的总能成功的恶毒办法中，抱怨和唠叨是最厉害的了。它永远不会失败，就像眼镜蛇咬人一样，总是具有破坏性，总是置人于死命。"事实的确如此，我们的身边也不乏总是抱怨连连的人，不是抱怨生活，就是抱怨工作，抱怨使他们活得十分不快乐。有些人还经常抱怨自己，他们常常执迷不悟，这种情绪一旦出现，他们就会消沉、低落。抱怨在他们心里生根发芽，最终摧毁他们。

与其深陷抱怨中不能自拔，不如尝试着行动，自己做出一点小小的改变，将能改变现实，改变生活，让我们走出抱怨的情绪。因为，抱怨并不能改变现实，只会加重你的负面情绪，只会让情况更加糟糕。所以不要抱怨太多，你拥有的已经很多，艰苦的岁月也终将过去，你要做的就是积极行动，以一种积极的心态面对生活。

抱怨是人类精神领域最具杀伤力的病毒，抱怨的人很难成功，而成功的人很少抱怨。那些生活的强者、成功的人士，不管遇到了何种困难，都会努力调节自己，控制好自己的情绪，先了解事实，再改变现状。那么，面对抱怨，你可以做哪些改变呢？

1.学会自我归因，找到问题的症结

生活中，我们要学会在抱怨他人之前先思考一下是什么引起我们抱怨情绪的，是人还是事？在我们与人相处的过程中，有时也会产生抱怨。这时我们就要思考自己是否也有问题，要设身处地为对方想一下。人无完人，每个人都有缺点，没有人能十全十美。当他人有一些小问题，但不涉及原则时，我们应该以一种包容的态度来对待，试着理解别人，不要总是抱怨，对别人的缺点或者错误念念不忘。

我们要了解，抱怨对于解决问题是没有什么帮助的，只有化抱怨为行动的动力才有实际作用。因此，在抱怨之前，我们最好先想一想解决问题的方法，然后通过实际行动改善目前的状况。要时刻提醒自己，抱怨对解决问题无益。

2.不要计较太多

生活中确实有一些小事令我们感到痛苦、难过，但若一个人总是对这些事情耿耿于怀的话，那么这件小事在无形之中就被放大了，加重了自己的心理负担。人生其实很简单，不要再因计较而生气。许多事情，全看自己，能看开最好；若看不开，终归也要熬过去。当你把这些事都熬过去时，你也终将获得成长。

3.换个地方静一静

抱怨易使我们丧失理智，因而闯下无可挽回的大祸。所以当发觉自己已经忍无可忍快要爆发时，最好立刻设法离开，可以到外面放松一下，回到房间躺一会儿，或是去逛逛街，到各种娱乐场所去玩玩，适当放松一下，舒缓一下情绪。当你恢复平静的时候，你就能用更聪明更理智的方法解决问题了。

4.合理发泄怨气

在人际交往过程中，与人接触受了一些气时，可以回到房间静坐一会儿，或者出去散一散步，这些都是排遣心中怨气的好方法，不要把这些情绪积压，让它们发泄出来，直到恢复平静的心情为止。

智慧寄语

当你遇到困难或者不公的时候，不要失去理智，不要总是抱怨，抱怨只会让情况更加糟糕。既然有些现实我们无法改变，不如改变自己，换个角度看问题，找到生活中被我们忽略的美好事物，摆脱抱怨的干扰，找到幸福的所在。

让自己充满激情，生活便多一分活力

激情源于一个人的内心，它会使人富有生命力，使人永葆青春，使人心中永远充满阳光。哈佛大学杰出的心理学教授威廉说：“不管什么事情，你对它有激情就会成功。”

所谓激情，就是要有一种面对困难敢于克服，面对机遇敢于挑战，面对艰险敢于探索，面对落后敢于奋起，面对竞争敢于争先的勇气。激情不是一个空洞的名词，它是一种力量，是一种精神支柱。

激情的力量很神奇，它可以让人完成看似不可能的事情，成就心中的梦想。更重要的是，激情反映了你对所从事的工作的热爱。成就一番事业是每一个人生命价值的体现，也是用你的智慧和能力去服务天下人的最佳方式。没有激情，就不可能全身心地投入到你爱的事业中去，最终只能一事无成。相反地，如果一个人能够充满激情地去工作，必然会将自己的全部精力投入其中，哪怕面对再大的困难，都可以无所畏惧、勇往直前，从而实现自我价值、实现梦想。

我们的人生离不开激情。有了激情我们就有了更多的梦想、热爱和追求，也就拥有更多的成功、故事和精彩。激情可谓是人生的增色剂，它让我们的生命多姿多彩，让生活有滋有味。只有当你的生活注入激情后，才会精彩纷呈，展示出你的华丽光芒。

那么，如何找到自己的激情呢？

1.保持乐观

乐观在坚守的过程中充当着一个不容小觑的角色。保持乐观的心态，会让人不因为遭遇困难和挫折而放弃努力，也会让人坚信成功的可能性，从而勇往直前。

2.树立新的目标

保持长久激情的秘诀，就是不断给自己树立新的目标，挖掘新鲜感。把曾经的梦想捡起来，找机会实现它，审视自己的工作和生活，看看有哪些事情一直拖着没有处理，然后把它做完。在你解决了一个又一个问题之后，自然就产生一些小小的成就感，这种新鲜的感觉就是让激情每天都陪伴自己的最佳良药。

3.切勿自满

在工作和生活中，最需要注意的是自满情绪。自满的人不会想方设法前进，对生活就会丧失激情。如果你满足于已经取得的工作成绩，忽略了开创未来的重要性，那么，现在这个阶段的工作自然会丧失其吸引力。当你把过去的成绩当作激励自己更上一层楼的动力，试图超越以往的表现时，激情就会重新燃烧起来。

智慧寄语

激情是人的主观能动性的一种表现形式，是一种可贵的工作品质。充满激情的人，能最大限度地发挥创造潜能，抓住机遇，大胆创新，创造出别人难以企及的成就和奇迹。

第07章

不刻意、不苛求，享受生命中残缺的美丽

金无足赤，人无完人，每个人都不可能是完美的，追求完美本身就是不可实现的梦想。残缺也是一种美，接受缺失、残破，是一种历练、豁达、成熟，更是一种睿智。我们必须认识到，如果仅仅是出于幸福生活的需要，那么是不必苛求完美的，苛求完美更多是为了满足自己的虚荣心。

不苛求完美，接受残缺

对于完美，每个人都有自己的看法，但在不完美这件事情上，多数人的看法却是一致的，那就是，都认为人生完美的事情太少，不完美才是人生的本质。不仅有季羡林先生的“每个人都争取一个完满的人生。然而，自古及今，海内海外，一个百分之百完满的人生是没有的，不完满才是人生”，更有苏轼的“人有悲欢离合，月有阴晴圆缺，此事古难全”，还有“不如意事常八九，可与人言无二三”等。在这个世界上，完美只存在于理想世界。俗话说“金无足赤，人无完人”，每个生命个体都不可能是完美无瑕的。其实，总是追求完美何尝不是一种不完美呢？

很多人因为自己的不完美，情绪不佳、闷闷不乐。实际上，我们应该感谢这些生命中的不完美，是它们让我们感受到生活中的温暖和幸福。每个人都是不完美的个体，因为不完美的存在，才让我们的生活愈加美丽。

生活本就如此，没有完美的人生，也不存在完美的人。生活中还有很多有意义的事情等着我们去做，何必因为自己的不完美而抓狂呢？有的人希望抹掉自己某次失败的经历，有的人希望给自己一次重新开始的机会。

只是，人生没有返回键，更没有从头再来的机会。不管是那些失败的经历或者出糗的事情等，都是我们人生路上的美丽风景。因为它们的存在，我们的人生才愈加丰富多彩。如果我们总是对已经发生过的事情耿耿于怀，只会让自己疲愈不堪。若是我们以苛刻的眼光审视别人，如此会让彼此之间的情谊如履薄冰。

残缺的背后对应的就是完美，面对自己的不完美，我们不要只盯着它们，也不要感叹命运的不公，让自己沉浸在不好的情绪中。这对于改变现实并没有什么实际帮助。我们倒不如感谢这些不完美，使它们激励我们不断向上，给我们坚持下去的勇气，让我们离成功更近。学会享受自己的缺陷，因为人生因此而变得更加绚丽多彩。

1.接受自己的不完美

每个人都不是完美的，都存在着不同的缺陷，生理上的、心理上的等。如果每天因为自己的缺陷而陷入抑郁，那么这个人的世界也将变成一片黑暗。如果你勇敢接受自己的不完美，用自己的努力来填补自己的缺陷，那么你的人生将开始变得不一样，生活开始有暖暖的阳光，变得绚丽缤纷起来。

学会给自己的人生找个出口，学会给自己的人生找一个灯塔。当你因为自己的残缺而陷入低落情绪的时候，学会冷静，试着接受，把它当作激励我们上进的力量。有残缺的生命，蕴含着无限的精彩。

2.学会换个角度看问题

从心理上承认有不完美才是真正的人生。生活并不是一帆风顺的，总有一些我们自身的缺陷或者遇到的困难阻碍我们前进。当我们陷入负面情绪的时候，不妨换个角度看待问题，把它当作考验，看到困难中的希望，感受到残缺带给我们的力量，正是因为生命中有了残缺的参与，才让我们更加珍惜所得的。即使人生不那么尽如人意，也是生活的一部分，构成了丰富的人生体验。

3.不苛求完美

世界因为缺憾而变得愈加美丽，所以不必苛求完美。若总是追求完美，那么难免产生一些怨愤之心、嫉妒之情。追求完美纵然是一种美好的精神向往，但在现实生活中，苛求的习惯常常会使人陷入被动的局面。这些人认为，追求完美是对生活负责，殊不知，完美是不存在的，它没有统一的标准，谁也无法做出评判，只会给人带来诸多烦恼。

人生不可能处处都如自己的意，不是这里有不足，就是那里有欠缺。所以，不必苛求完美，抱残守缺也是一种智慧的选择。

智慧寄语

维纳斯女神因为残缺而变得更加迷人，缺陷智慧让我们的人生变得更加美丽。学会欣赏自己的不完美，正是这些不完美让你和他人不一样，造就了独一无二的你。世界因这一点点的不完美而多了些色彩，美也因残缺变得让人倍加珍惜，让生命得到更加美丽的升华。

珍惜时间，善待生命

“对酒当歌，人生几何。譬如朝露，去日苦多。”人生苦短，我们应该珍惜时间，善待生命。保尔·柯察金也有一句名言：“人，最宝贵的是生命，生命对于每个人只有一次，这仅有的一次生命应该怎样度过呢？”生命是宝贵的，我们应该善待生命。

生活没有如果，也同样没有重新来过的机会。生命只有一次，聪明的人珍惜时间、善待生命，而有的人却不知道珍惜自己所拥有的，直到失去了才意识到它们的重要性，但一切为时已晚。岁月长河中，也许只是一瞬间，所有的事情都以发生改变。想要掌握自己的命运，我们就该学会珍惜时间，善待生命，让生活充满幸福与快乐。

“明日复明日，明日何其多；我生待明日，万事成蹉跎。”这短短几句古诗，就道出了时间的重要性。纵观古今，多少人因珍惜时间而有所成就，古时就“悬梁刺股”“囊萤映雪”“凿壁偷光”的勤学佳话广为流。我们是不是也应该从现在起珍惜时间，抓紧生命中的每一分每一秒呢?

珍惜时间，能让我们不断成长。爱德华·埃弗雷特说过：“每个人都应该像雄鹰那样注视一切，抓住每一个提升自己的机会，接受教育、增长知识、珍惜时间、拒绝诱惑。要摒弃那些世俗欲望，将自己塑造成一个品格高尚、诚实而快乐的人。”

生命中最大的浪费就是虚度光阴，它也是摧毁我们生活的最强力量。每分每秒的背后，都隐藏着机会和挑战。人具有的希望和雄心会因为浪费时间而遭受毁灭性的打击，浪费时间通常会引起绝望，它也会终结幸福的生活。对于女人来讲，认识到时间的重要性是十分必要的，只有如此，女人才会珍惜时间，把握现在，通过自己的努力创造美好的未来。

珍惜我们的时光吧，善待生命吧，别让我们临江而呼，逝者如斯夫，不复还。我们不求长远，只求现在的每一个脚步，一步，两步，步步跨入明天。这样我们的生活才能更充实，生命也才会因此而更加绚丽多彩。

1.善待自己，善于利用时间

时间是公平的，每个人每天都是24小时。对于那些渴望成功的人而言，他们绝对会在有限的时间内合理利用时间，提高做事的效率，提高生命的质量。但是很多人又往往容易走极端，为了节省时间，或者不考虑做事情的质量，或者一直不停地做事。这两种情况都不能有效地节约时间，因为这既无法保证质量，还会让自己身心疲惫，进而影响做事情的效率。

珍惜时间，需要的是一份控制力，需要一种专注力，不要拖拖拉拉，要立即行动，全力付出才能获得自己想要的结果。

2.善待生命，做好计划

珍惜时间，重要的是在做事情前先做好计划。

计划可分为长期计划和短期计划。如你可以先做好每天的计划和每周的计划，并且按照计划执行。如果没有计划，你就只能被迫按照不时放在你桌上的东西去分配你的时间，也就是说，你完全由别人的行动决定你办事的优先与轻重次序。这样你会发觉你犯了一个严重的错误——每天只是在应付问题。

为你的每一天制定一个大概的工作计划与时间表，尤其要特别重视你当天应该完成的两三项主要工作。其中一项应该是使你更接近你的重要目标之一的行动。在星期四或星期五，照着这个办法为下个星期作同样的计划。

3.善待自己，提高效率

生命在于效率。若你想有所成就，就应该善待自己，珍惜时间，提高效率。这些都是你成功的资本。生活中有很多有意义的事情等着我们去做，不要将时间浪费在无聊的事情中去。

智慧寄语

人生就是由许多道选择题组成的。你是想要生命多姿多彩，还是浑浑噩噩虚度一生？每个人都有自己的选择，若选择前者，就要珍惜生命中的每一分钟，善待生命，不断成长，充实自己的生活。时间和生命都是有限的，养成珍惜时间的习惯，就是延长了自己生命的长度。

放下面子，轻松生活

我们都知道，很多人都很在乎自己的面子。在他们的认知里，面子就代表着自己的尊严，谁也不能伤害自己的面子。通常来说，在人们的印象中，好面子好像是男人的专利。其实，现代社会，随着女性在家庭和工作中的地位不断提高，女人开始和男人享有同样的地位，女人也开始爱面子。

许多人总是为了面子而活，为了在他人面前展现自己的成功、体面或者优秀而活。实际上，你是否实现了自我价值，你的人生是否成功，都不是通过与别人的比较或者他人的赞同来体现的。放下面子，我们能活得更加轻松、自在。

很多时候面子会成为一种羁绊，只有果断地放下面子，才能给自己创造更多的机会，获得事业和人生的成功。放下面子其实并没有想象中那么难，放下面子，紧抓机会，这才是一种智慧的选择。

1.不要为面子做无谓的意气之争

我们在生活中，总会遇上自己不愿意回忆的事情，但是它们都已经过去，我们再做什么也不能抹杀客观事实。不要为了面子，做无畏的意气之争。不要因一时冲动，做出悔恨终生的事情。那些无意义的争斗，只会伤害彼此。如果别人无意间伤害了你，原谅对方，宽恕他的错误，并不会给你带来什么损失。

2.不要为了维护颜面，以自己的生命做赌注

有的人为了维护自己的面子，选择结束生命。这种做法是十分错误的，即使我们受到了别人的辱骂，或者自己的某些行为给别人带来无法弥补的伤害，也不要忘了，生命是最重要的，没有了生命，一切都没有了意义。你所造成的后果再也无法弥补，你所受到的委屈再也无法被别人理解。弥补过失、走出过去最好的办法就是从过去的伤痛中走出来，接受现实，学会成长，获得成功的果实。

3.不要为了面子，拒绝回到众人身边

很多人在遭遇挫折的时候，很惧怕身边的人对自己表现出怜悯或者对此事多加评论，害怕损害自己辛苦维持的形象，于是选择脱离人群，独自承受痛苦。其实，抑郁、孤独等情绪都很容易伤害我们自己，有时，回到人群中，接

受众人的安慰与鼓励，才是智慧的做法。只有与他人更好地沟通和交流，才能让我们尽快走出失败的阴霾，重新获得健康、快乐的生活。

智慧
寄语

在乎面子，其实就是在乎他人的评价，不能放下面子，就不能抛开别人对自己的看法。其实，在乎面子也是正常的心理。但是，看重面子成为一种负担、为了面子要付出某种代价就是不必要的了。为什么不能抛开面子，不在意他人的目光，享受轻松、愉快的生活呢?

再给自己一次机会

在美国的华盛顿山上有一块岩石，岩石边上专门设立了一个标牌，告诉游客那里曾经是一个女登山者死去的地方。她当时距离庇护所只有一百步的距离，但她被永远定格在那里，若是她能再给自己一次机会，再多走几步，她就能活下来。人生中，我们也许会遇到很多困难、失败，在最后关头，再给自己一次机会，你将收获到更多的惊喜。

千里之堤毁于蚁穴，最后一步放弃了，前面的努力也就全部白费了。如果你觉得自己一事无成、诸事不顺，那你可能就是缺乏坚持下去的毅力，从而与成功失之交臂。再给自己一次机会，你也许就能创造奇迹。

机会要我们自己去争取，不多给自己几次机会，怎么会知道行不行得通呢？有时我们在失败的地方，勇敢地继续前行，再多给自己几次机会，常常会有意想不到的收获。坚持一下，你之前的努力也不会白费。失败的经历让我们积累了经验、知道了不足。经历了失败并不可怕，可怕的是失去了尝试的勇气。成功总是缺少不了坚持不懈的精神，再给自己一次机会，迎接你的也许就是成功。

1.失败是正常的

在人生的路上，很少有人能一举成功，经历几次失败是正常的现象。人们的选择不同，也将面临不同的未来。有的人选择不为困苦，继续为自己的梦想而奋斗，勇往直前。有的人在困难面前就此放弃，向命运低头，最后走向失败。有时我们无法成功不是能力决定的，而是我们自己否定了自己，放弃了重新开始的机会。

2. 放下过去，给自己一次机会

席慕蓉曾经说过："在我们一生里，常常要付出很多无谓的代价，才能得到所期望的那一点点快乐。"再给自己一次机会，不为过去的失败而悲伤，不为曾经的付出而后悔，珍惜当下重新开始的机会，不留下丝丝遗憾。

3. 放下过去，不留遗憾

不要看到别人成功了，才开始感慨"早知如此，何必当初"。多给自己一次机会，不留遗憾。即使经历了很多次的失败，也不要失去对未来的美好期盼，也不要失去希望。

智慧寄语

不论遇到什么事情，无论现实多么残酷，女人千万不要放弃希望，不要因为一次的失败就否定自己。每个人都是从失败中走出来的，不断前行才获得成功的。所以当你失败的时候，千万不要放弃，鼓励自己，重拾勇气，再给自己一次机会，让自己接受重重考验，获得想要的成功。

自我激励，走出人生的低谷

人生旅途中，有高峰、也有低谷；有成功，也有失败。成功时，不要骄傲，不要自满；失败时，不要气馁，人生因有了这些经历而变得愈加丰富多彩。然而很多人却在自己失败之时，长吁短叹、抱怨、悲伤。

一个月里我们总有几天显得无精打采，一年之内我们总有一段时间显得力不从心，这就是情绪低潮。人在低潮时，情绪低落，如果打击太重，有的人甚至还会失去活下去的勇气。当我们碰到了人生的低潮，而我们的亲戚、朋友、师长又都无法给我们安慰和鼓励时，就需要我们自己鼓励自己，让勇气和力量在自己的心中产生。

自我激励法并不是一种自我欺骗，而是情绪调动，让自己更加自信，就能很快走出人生的低谷。很多时候，我们无法拥有自信，不过是对自信缺乏一种强烈的渴望，因而抓不住身边的机会，与成功失之交臂。这些机会的失去，让我们陷入更加悲伤的境地。想要走出这种现实，就应该学会依靠自己的力量努力寻求问题的解决办法，积极地看待问题，自信地解决问题。

自我激励是一种积极的心理暗示，它能激发我们的潜力。这种潜力使我们充满力量，重新找回自信，找回曾经的热情和激情。自我激励是成功的一大助力。

以下几点可以给你带来帮助：

1.认识自己的优点

每个人身上都有自己的优点和缺点，你不要把优点的标准定得太高，而忽略了自己的优点。你不要总是看到自己工作不突出、长得不漂亮等不足的一面，你应该看到自己热情、善良、有音乐天赋等自己忽视的优点。相信“天生我材必有用”，每个人身上都有自己的闪光点，你需要的就是一双善于发现的眼睛，认识到自己的过人之处。

2.学会积极的心理暗示

积极的心理暗示能让人向好的方向发展，而消极的心理暗示使人向坏的方向发展。积极的心理暗示无论是对身体健康还是心理健康，都有重要意义。在遇到挫折的时候，我们要学会给自己积极的心理暗示，给自己加油打气，驱散心中的阴霾，让积极的心理暗示成为实现梦想的基石之一。

3.强化目标，产生动力

自我激励是让我们在制定自己的目标后，产生向目标靠近的动力。如果你是一个三分钟热度的人，很可能在刚开始的时候，激情满满，过一段时间，就不愿付出努力了。这时就需要你利用自我激励的作用，加强自己现实目标的动力。

智慧寄语

每个人都应该相信只要自己付出足够多的努力，自己的梦想终将实现，这是毋庸置疑的。要抛掉那些怀疑、忧虑的情绪，自我激励，努力发掘自己的潜力，必定能获得成功。

第08章

懂得适时放手，不要害怕错过美好的东西

现代社会，随着经济、科技的飞速发展，人们的欲望也在不断膨胀，成为身上沉重的负担，让我们感觉活得十分辛苦，还因此错过了生命中很多美好的景色。不如学会放手，在有限的生命内实现自己的人生价值，减轻身上的负担，轻松前行，感悟生命带给我们的喜悦与美好。

懂得适时放手，享受轻松生活

泰戈尔就曾经说过这样一句话：“世界上的事情最好是一笑了之，不必用眼泪去冲洗。苦苦地去做根本就办不到的事情只会带来混乱和苦恼。”所以女性朋友们，倘若你感觉自己身心疲惫，感觉自己有太多的负担，那么不妨学着放手，只有放下，才能享受到轻松的生活，才能欣赏到生命中更多的美好。

每个人都有过很多梦想，但不是每个梦想都能够实现，如果你总是怀着过高的奢望，那么你的生活就会变得灰暗。若在人生的路上不想一无所获，你就应该学会放手，学会选择适合自己的。在人生的旅途中，会有晴空万里，也会有阴云密布，会有鸟语花香，也会有不好的风景，有所得也会有所失。只有学会放手，才能让自己不断成熟，让内心更加充实，也让生活更加美好、轻松。

放手是一种智慧的抉择，虽然你可能十分优秀，但是也无法满足自己全部的欲望，毕竟人的能力是有限的。所以，对于那些我们拼尽全力也无法企及的梦想，我们应该学会放手，将精力放在能施展我们能力的地方，让生活更加丰富多彩。

学会了放手，你就会发现更多曾经忽视的美景，原来天空是如此美丽，空气是如此清新，自己原来拥有这么多。在该放下的时候放手，不仅是一种智慧，也是一种境界。不要舍不得，有些时候的不放手可能让我们失去更多，有时它又称为心灵的负担，甚至称为一种伤害。生活中，我们应该学会选择，适时放手。

1.学会放手是一种智慧

“善于放弃”是一种境界，一种人生智慧，是历尽沧桑后的人生感悟。放弃并不是说不经思考地草率决定，而是深思熟虑后的明智选择。只有在慎重思考后的放弃才更有价值，只有在懂得放弃并善于放弃后才会离成功更近。放弃也许让你一时无法接受，但是放弃后你能收获更多。放弃不合理的欲望、放弃毫无意义的坚持、放弃对金钱的追求、放弃那些失败后的低落，只有明智地放弃那些不切实际的、没有意义的事情，你才能有精力去追逐更加有意义的东西，你才能更快地到达成功的彼岸。当一切尘埃落定，当我们经历了很多，才会真正懂得放弃其实也是一种收获。

2.学会放手是一种成熟

放弃不是一种无奈，也不是不思进取，而是一种成熟，更是明智的选择。放弃并不意味着永远失去，而是一种收获。俗话说，舍得舍得，有舍才有得。放弃是深思熟虑后的抉择，是一种生存智慧。

放手是一种升华，是一种境界。在人生旅程上时刻保持一颗简单平和的心，就应该学会放弃。放弃失败带来的痛苦，放弃自卑，放弃痛苦的经历，放弃抑郁。只有放下那些不重要的，对人生没有什么意义的东西，才能让我们的心灵重归宁静，在宁静中拥有一分淡然，让自己的生活更加轻松、自由。

3.放下收获更多

放弃并不意味着失败。想要实现某些目标，就需要你付出一些东西，放下一些东西也是符合“一份耕耘，一份收获”的自然规律。放弃并不意味着你无法获得成功或者失去，放弃反而能让你获得更多。你想一想之前的经历，放弃之后你是不是收获了更多，不要总将目光放在眼前，要将目光放得长远一些。我们学会选择，懂得放弃，善于放弃，不要因小失大，不要为明天留下遗憾。

智慧寄语

当你懂得放弃的时候，你就不会对眼前的得失斤斤计较，不会去计较那些令我们遗憾的事情。在面对得到和失去的时候，如果你能正确看待它们，不因得到而欣喜，不因失去而悲伤，那么你将活得更加轻松、快乐。

放弃何尝不是一种收获

美国电话电报公司的前任总裁卡贝曾经说过："放弃是创新的钥匙。"这也就道明了放弃比争取的意义更大。假如你所争取的东西与自己最终追求的东西或者梦想背道而驰，已经让自己感到压力很大，影响自己的前行，不如学会放弃。也许放弃一些东西对你来说并不容易，但是时间将会给我们最好的答案，在未来，你就会发现放弃有时是为了更好地得到。放弃那些不合适的事情，何尝不是一种收获呢？

在这个世界上，我们要学会量力而行，有些事情因为客观因素等使我们可望不可即，此时我们就应该学会放弃，更好地追寻自己的梦想。人生因为有梦想的存在而精彩，不要因为追寻得太多，让梦想成为空想，成为一种奢望。在追梦的过程中，有的人遇到了挫折就开始走回头路，或者是抱着不撞南墙不回头的态度一路前行。其实，放弃并不是意味着失败，当我们看不清前面的路的时候，不妨转个弯，一样能到达成功的彼岸。现在明智地放弃，是为了将来收获更多的美好。

我们常常在得失间做出抉择，在放弃与坚持间徘徊，我们希望拥有得更多，害怕失去，有时也就舍不得放弃。其实，放弃对于每一个人来说都是一个艰难的抉择，但是此时我们不放手，可能失去得更多，到时留下的只能是悔恨。生活中有许多的精彩等着我们去领略，但是你必须学会取舍，学会放弃，选择适合自己的，否则生命将难以承受。

法国作家杜拉斯曾说过："人之一生，不可能什么东西都能得到，总有可惜的事情，总有放弃的东西。不会放弃，就会变得极端贪婪，结果什么东西都得不到。"在人生的旅途中，我们总要做一些艰难的抉择，是放弃还是坚持，不要犹豫不决，否则可能因此而一无所有。

明智地放弃也是一种收获，退一步海阔天空，人如果想要获得更多，就应该有选择地放弃。人生因为放弃而有了更好的收获。

放弃之后，能收获什么呢？

1.时间

时间是公平的，每个人每天都是二十四小时。然而在同样的时间内，每个人所取得的成就却差异巨大。这是为什么呢？其实，这是因为有的人没有取舍，总是试图抓住许多东西，到最后才发现有些时间和精力是浪费在毫无意义的事情上的。如果能合理规划时间，将时间花在重要的、有意义的事情上，那么必将在那个方面有所成就。这就是生活的启示，它告诉我们，对于那些无关紧要的事情，我们要学会放弃，有计划地做一些有意义的事情，有舍弃也会有所得。

也许这一刻的放弃是一个艰难的决定，但当你在未来获得更大的成就时，你就会发现此刻的放弃是十分有意义的。

2.内心的宁静

放弃，在很多人看来，好像是一种被动的选择。很多人选择坚持，只要有一线希望，都不愿意放手。但若你所做的事情本身就是一个错误，你所谓的坚持与执着又有什么意义呢？人生短暂，时间不等人，有时候我们该静心思考一下，什么事情值得我们全力以赴去追求，而对于那些没有意义的事情，也要尽早放弃。

放弃也是善待自己，从你决定放手开始，你内心的压力就减少了，你的心情更加愉悦了。放弃后，你会更加轻松，不再因成败而患得患失，让内心平静下来。

学会放弃是智慧的表现。放弃不属于自己的部分，珍惜自己拥有的事物，那么，你就能感受到更多的幸福和快乐。

3.快乐

有句话说，人之所以有失落、伤心，往往是因为把目标定错了，追求了不合适的东西。人之所以与幸福失之交臂，往往是因为不懂得放弃，明知是不合适的还紧抓着不放。其实，有时候无谓的坚持是没有什么意义的，学会放弃才是明智的选择。

没有什么东西是放不下的，只是我们自己把它们看得太重了。有时候明智的放弃，好过盲目的坚持。放弃不是妥协，是深思熟虑后的智慧选择。放弃之后，我们往往能收获得更多。

智慧寄语

世上万事万物都处于矛盾运动之中，有成功就有失败，有得到也有失去。该放弃之时明智放弃，这不失为一种明智的做法。不要因小失大，不要为了追寻一滴水，而放弃了整条河。为了美好的未来，我们应该学会放弃，方能成为生活的智者。

不要害怕放弃美好的东西

人生在世，要学会放弃，对于那些美好的东西，该放弃的时候也要果断放弃。放弃并不总是痛苦，还能收获许多幸福。在职场中，放弃对名利的追逐，能活出自我，得到的宁静与快乐。

苦苦地挽留阳光，是愚人；久久地感伤春光，是蠢人。什么也舍不得放手的人，最终会失去更多的东西。放弃是一种人生选择，是一种人生智慧。

“得”与“失”总是形影不离。俗话说：“万事有得必有失。”失去了春天的温暖阳光，却获得了金秋的硕果累累。“舍得，舍得，有舍才有得。”失去的过程固然难熬，却能获得幸福。

人生就是一个不断得到又不断失去的过程。在这过程中，我们或许高兴，或许悲伤。但命运是公平的，我们失去一些东西的同时，也将得到一些东西。得到和失去都是正常的。

1.学会放弃，轻松生活

人生的得到和失去，很多时候都不是我们所能左右的，而受很多外在因素的影响。有时毫无意义的坚持并不是一个明智的选择，学会放弃才是真的智者。面对我们永远在尝试但从未成功的事情，在这件事情花费时间就是在虚度生命，只有学会放弃，才能抛下肩上的重担，轻松前行，去欣赏生命中的美景。

2.学会放弃，多一种选择

在你承受不起的时候，学会决断，学会放手。放手，并不意味着失去，只是给我们自己多一个选择。放手，并不意味着无所作为，只是懂得有些事情是我们无法控制的。放手是一种明智的选择，是正事现实，珍惜拥有。有时人毫无意义地坚持不仅会伤害到自己，也令别人痛苦。

3.学会放弃，选择适合自己的路

要想取得成功，要想有所成就，我们就应该学会放弃。放弃并不是认输的表现，而是为了长远的发展而放弃眼前的一些东西。学会放弃，就应该拿得起放得下，放弃并不等于失去，放弃也能有所收获。

历史上多少人为了自己伟大的、崇高的理想而放弃眼前的利益，最终有所成就，在史册中留下浓墨重彩的一笔。陶渊明为了不同流合污，放弃了功名利禄，归隐田居，成为流芳百世的“隐士”。佛教的创立者释迦牟尼，为了修身养性，不惜放弃荣华富贵，放弃一切亲情、友情，最终创立了影响深远的佛教。历史上的例子不胜枚举，事实就是如此，学会放弃，选择适合自己的路，才能到达成功的彼岸。

智慧寄语

在这个竞争激烈的社会，我们应该学会放弃，学会选择。放弃是一种明智的选择，虽然实施起来可能有点困难，但为了我们的理想、目标，我们都应该学会放弃，让悲伤离我们远去，让快乐与我们如影随形。

看淡得失，活得从容

人生之中，难免会经历各种挫折，面对人生的艰难、困苦阶段，如果我们选择沉浸在悲伤里，将自己拉入抱怨的深渊，那么，生活也会和快乐无缘，变得灰暗无光。如果能够看淡得失，那么即使自己正处在人生的低谷中，也能看到希望，不至于对未来失去信心，也能体验到幸福、快乐的人生。

看淡得失，并不是退缩，而是一种慎重的选择，是懂得控制自己的欲望。欲望是永无止境的，很多人之所以不快乐就是欲望越来越多，而现实又无法满足他们所有的欲望，这也就造成了一定的心理落差，使人陷入失落、失望中。而且因被欲望驱使，很多人迷失了本心，已经不再是原来的自己，甚至沦为欲望的奴隶，最后快乐和幸福成为镜中月水中花，可望而不可即。

人不能放纵欲望，要看淡得失。欲望永远无法全部满足，欲望有时不会让人快乐，只会让人失落。所以，我们要学会控制自己的欲望，更要正确看待得失。在人世间，失去不一定是坏事，塞翁失马，焉知非福。懂得淡然面对得失，获得内心的平静，获得更加美好的生活，这才是正确的人生选择。

有的人太在乎得失，总是争来争去，钩心斗角，让自己活很痛苦，得不偿失。不如淡然生活，正确看待得失能让我们获得轻松、快乐的生活。

那么，我们到底该如何看待得失呢？

1.以豁达的心看待得失

面对生活中的磨难，若是不能以一颗豁达的心面对，那么我们会活得很艰难，我们只能一直生活在痛苦当中。在生活中，很多人对自己经历过的挫折、困难耿耿于怀，觉得这是命运对自己的不公，感觉生活没有丝毫可以让自己快乐的理由。所以，他们悲伤、压抑、失落，总是抱怨，甚至想要报复社会。

有的人由于心理不平衡，就向身边的人发泄。这种做法不仅对改善自己目前的状况没有任何帮助，不能减轻心中痛苦的感觉，还会伤害到他人。与其将自己的痛苦强加给别人，不如以豁达的心态来看待问题，适当舒解心中不良的情绪，看淡得失。

2.有所得也会有所失

懂得享受当下的人懂得适当放弃，懂得珍惜自己现在的生活！生活也需要“有所为”才能“有所不为”，因为有得到，就必定有失去，不要奢求太多。若是你只想得到某些东西，但是又舍不得放弃一些东西，那么，你终将沦为失败者，到那时，你将失去更多。生活也确实如此，眼睛有疾的人，因为无法看到任何东西，他们就必须靠自己的耳朵来聆听这个世界的声音，帮助自己了解这个世界，长此以往，耳朵的功能也得到了超常发挥。这个道理在我们的生活中同样适用，当你追求的某种功能充分发挥时，其他功能就可能退化。因为生活是公平的，有所得就会有所失，所以，不要过分计较得失。

3.得失是在一步之间

其实，有时得失只在一步之间，有时我们的痛苦和失望正是因为没有正确看待得失，放不下内心的欲望。追求完美的本身就是将得失看得过重。追求完美的人只会让自己陷入痛苦中，若我们总是过度追求完美，最后可能失去更多。

智慧寄语

伏契克曾经说过："应该笑着去面对人生，不管一切如何。"的确，得与失，都只不过人生沧海中的一粟。正确看待得失，当你站在不同的角度思考问题，就会发现更多的美好，就能收获充实的人生。

走向内心深处，寻找真正的幸福、快乐

我们每天都要遇到很多事情，随着事情的好坏，我们的情绪也开始产生变化。从表面看，这些事情是引起我们心情变化的主要原因，但是，每天所发生的事情是客观存在的，不论你的心情如何变化，你都无法改变现实。所以，我们不过是根据自己的主观意识给事情下的评断，事情对你产生的影响，也是你通过自己的内心来评判的，你内心决定了你的态度、心情和命运。

我们对待生活是何种态度，都是由我们的内心决定的。同样，生活可能反馈给我们的影响，也取决于我们的内心。如果内心是悲观的、消极的，那么我们的所有事情都成了不好的事情，如果内心是乐观的、积极的，那么即使是挫

折都能当作成功的阶梯，人总是能看到积极的一面，都能体会到幸福和快乐。

人生靠自己把握，是想要快乐还是悲伤，选择权都在我们自己手上。想要成为人生的赢家，就不能将目光放在消极的东西上，而应该积极地走下去。如果以消极的态度看待世界，那么只会让你的生活充满负面能量，让你沮丧，失去前进的勇气，徒增许多烦恼，还会危害我们的身心健康。消极的生活态度，很可能将我们拉进黑暗的深渊，让我们与快乐越来越远。

遭遇失败，内心乐观的人能从失败中看到希望，能找到快乐的方法，让那些负面情绪远离他们的生活。只有如此，我们才能发现更多生活的美好，让生活多一分快乐，少一分悲伤。未来的日子还长，为什么不选择一种快乐的生活方式，让自己从内心深处快乐起来呢？

生活中有如此多的负面情绪充斥在我们的周围，我们该如何去获取快乐呢？

1.用兴趣来调剂生活

兴趣能带给人积极向上的力量，而这种力量有助于提升一个人的气质、内在修养，使我们感受到生命的阳光和精彩，让我们更加积极向上，使我们保持一种乐观向上的生活态度。

兴趣是我们生活必不可少的一部分。在日常生活中，若没有自己的兴趣爱好，你的生活将会是单调的，除了工作就是各种琐事，没有什么让自己高兴的事情。不如偶尔变换一下自己的生活方式，过一种更加轻松的生活。

2.积极参与社会交往

保持健康情绪和身心健康的有效途径，就是多参加社会活动，通过活动与更多的人交往，在活动中实现自己的人生价值。科学研究证明，多参加社会交往有益于人们产生积极的情绪，而这种心态又促使我们积极地与人交往，更好地适应环境，从而形成良性的循环。

3.用微笑面对生活

俄国诗人普希金说过：“假如生活欺骗了你，不要悲伤，不要心急，忧郁的日子里需要镇静，相信吧，快乐的日子将会来临。”既然每个人来到这世上都会有不如意，那么不如放宽心，选择用微笑面对生活。用微笑面对生活中的痛苦，用微笑面对身边的每一个人、每件事情，你就会看到生活的美好，迎接你的必定是阳光灿烂。人生难免有起伏，没有经历过失败的人生是不完整的人生。正因为有了挫折和失败，才塑造了我们精彩的人生。

智慧寄语

生活本来是美好的，只是我们自己把生活过得痛苦了。只要我们用微笑面对生活，积极看待生活中的人和事，快乐就会常伴我们身边。世界上没有真正不快乐的人，只有不肯快乐的心。快乐与否，都是我们自己决定的，为什么不选择每天快乐呢？

第09章

女人，请放弃复杂的欲求，简单生活才能得到快乐

现实生活中，每个人有欲望，而理想和现实总是有一定差距。因而，很多人一生都被欲望纠缠，给自己徒增许多烦恼，很难获得幸福。我们不妨学会放弃一些复杂的欲求，多看看世界的美好，享受每一个美好的瞬间。知足者常乐，过简简单单的生活，收获更多快乐。

欲望，为生活增添了许多烦恼

经济飞速发展的今天，除了给我们带来物质方面的享受外，还冲击着我们的内心世界，不时扰乱着我们平静的生活。在人生的道路上，我们只顾不停地向前，不停地追寻，我们内心不时地会感到烦恼、焦虑、紧张、迷茫、彷徨、失落、懈怠、颓废……这都是欲望在控制着我们。

欲望存在于每个人的心间，有的人懂得控制，有的人放任其发展。看看我们生活的周围，就会发现，欲壑难填的人有很多。在不断追逐欲望的过程中，有的人迷失了自我，失去了心灵的自由，也失去了快乐。这也就是很多人拥有的越来越多，可脸上的笑容却越来越少的原因。

欲望多的人在欲望得不到满足的时候，很容易患得患失。欲望就如同一条鸿沟，填满了这个愿望，更大的鸿沟就会出现在自己眼前，所以有的人总是在满足自己的欲望中苦苦挣扎，给自己徒增了很多烦恼。

生活最大的智慧是能控制好自己的欲望，适当的欲望是合理的，但如果欲望太多，那无疑是给自己套上了沉重的枷锁，减缓了我们前进的速度。欲望就像潜伏在人心里的一种病毒，把握得好就可以利用它，成为激励我们向上的动力，若让欲望成为一把枷锁束缚我们，就会危及自身的安全。每个人都会有欲望，应把握好尺度为我所用，否则将成为欲望的奴隶，我们也就多了许多烦恼。

欲望在人们心间本身是一粒小小的种子，一旦在沃土和水的滋润下，就会迅速生长，很快就长成参天大树。欲望在不断滋长，紧紧束缚着我们的心灵，欲望开始干涉我们的生活，将那些美好都逐渐吞噬。摒弃那些多余的欲望，生活能更加轻松、自由，我们也能更加洒脱。

1.欲望有度

太多的欲望会成为我们成功路上的绊脚石，让我们与快乐愈行愈远。正所谓"人心不足蛇吞象"，这就是控制不住自己欲望的表现。真正有智慧的女人，懂得控制自己的欲望，让欲望有度，不任欲望自由发展，不让自己陷入烦恼。

若一个绝好的机会摆在你面前，你会如何做呢？很多人都会选择尽可能多地获取，这种想法固然没有错，但是在前进的路上，不要忘了给自己停下来思考的时间，你是否失去了某些十分重要的东西呢？学会控制自己的欲望，获得内心的平静，让烦恼离我们远去。

2.欲望是烦恼的根源

在一定程度上，欲望促进了人们奋发向上，有助于人们实现自己的梦想与自我价值。但是，一个人的欲望是无止境的，欲望是内心不清净的根源，如果控制不住自己的欲望，任它随心所欲，就必然会带来无尽的烦恼。

欲望越来越多的人，想要的也就越多，更容易患得患失。而又由于某些欲望没有实现的时候，内心势必产生一定的矛盾和冲突，而这些又将人们推入烦恼的深渊。

3.从内心消除欲望

要想做到"无欲"，消除欲望，我们首先要保持一颗静如止水的心。不被外界因素所诱惑，能够坚定地走正确的道路，理智地思考预计行动，就能让你从内心深处消除欲望。心淡如水是能感悟到生活中的细微之处，只有用感恩的心生活，从而在一种幸福的平静中流动，才能领悟到生命的真谛，不会被欲望所控制。

智慧寄语

内心的欲望过多，心也会被紧紧束缚住，感觉快乐越来越少，烦恼越来越多。很多时候，我们的烦恼都是由欲望引起的，不如学会放下欲望，放松身心，放下不属于自己的坚持，方能获得更多快乐，收获幸福人生。

知足能够消除心中的各种贪念

很多人都会感叹每天总是忙忙碌碌，过得十分累，其实生活本来的样子就该是舒畅轻松的。我们之所以觉得如此是因为自己有太多的欲望。这些欲望成为束缚我们内心的枷锁，随着越来越多欲望的加入，也就多了许多烦恼。一个人的贪念越重，负担也就越重，生活也失去了原有的美丽色彩。

每个人都有欲望，金钱、权利、情感……很多时候人们甚至都不清楚自己真正想要的是什么，欲望越来越多，开始迷失自己，而为了满足欲望，有的人活得十分辛苦，但还是乐此不疲。“人只一念之贪私，便销刚为柔，塞智为昏，变恩为惨，染洁为污，坏了一生人品。”足以见得贪念的可怕。而知足则可以消除内心的各种贪念。

不知足的可怕之处在于，欲望不仅能摧毁有形的东西，还能扰乱你的内心世界，你的原则、你的情绪、你的自尊都可能在贪欲的作用下变得不堪一击，甚至还包括你的生命和存在价值。

从古至今，人类始终难以摆脱欲望的影响。当我们的欲望得到满足的时候，自然是心情愉悦，但是在欲望没有达成的时候，我们的内心深处难免会产生一些负面情绪，这些情绪趁机影响着我们的工作和生活。这都是对生活不满导致的，所以，我们应该学会知足，享受当下的生活。

知足不是自满和自负，而是知荣辱，享受生活。知足的人即满足于自我的人，知足者能放弃那些难以企及的欲望，从小目标开始，不断成长，让自己少受伤害。在可以实现的欲望之内，不断奋斗，一旦得以实现，就能从中得到满满的幸福感与快乐。只有经常知足，根据自己的实力制定目标，并且努力实现它，而不是故意苛求自己，去追求那些难以实现的目标。学会知足，才能体会到生活中更多的快乐。

1.警示自己

纵观古今，多少人因为自己的贪欲，留下骂名，最后留下的只是悔恨和对我们的警醒。我们可以拿那些正反面的事例来警示自己，不让自己走入贪欲的旋涡，我们应该时刻调整自己，让心中的贪欲没有容身之地。

2.珍惜拥有

其实，快乐的关键在于我们自身，它是我们内心的感受，与物质、幸福、地位等条件都没有什么直接关系。人只有学会珍惜眼前拥有的，才不会因好高骛远，而陷入迷茫，让自己身心俱疲，与快乐背道而驰。不要“身在福中不知福”，有的人衣食无忧，却总是羡慕别人的生活，找不到快乐，最后抑郁而终。他们不知足，看不到自己当下所拥有的，总是羡慕别人，却不知道自己可能也是他人羡慕的对象，拥有的已经很多了。

3.人不能没有追求，但追求也不可太多

人生在世，总有不顺的事情发生，不要总是抱怨生活。其实，每个人都会遭遇挫折和困苦，有些人所承受的痛苦可能比我们大得多。明知道有些事情是无法实现的，面对一个已经知道结局的事情，为什么还要浪费自己的精力呢？何不将时间放在更有意义的事情中去。但是，我们也不能没有追求，没有目标，没有方向，那样人生还有什么意义呢？

智慧
寄语

面对欲望，我们应该学会控制它，不要让它扰乱我们的工作生活。想要做到这一点，就要学会知足，在我们追寻目标的过程中，不妨给自己一些思考的时间，调整自己的心态，平息过盛的欲求，收获属于自己的成功。

淡泊名利，知足常乐

在人生的旅途中，总是出现各种各样的诱惑。有时候，一个人为了名利就走进了这些陷阱里。名利就是一种在还没得到的时候，总是努力追求，而得到后才发现，自己已经被它紧紧地束缚住了，很难走出去的东西。

名利心与生俱来。人一生下来就面对着各种选择。现代社会，有的人为了追逐名利，陷入你争我夺的境地中，让自己身心疲惫，快乐怎么会出现在他们身边呢？更有甚者，在名利的束缚下，失去了自我，失去了人生方向。若是不能淡泊名利，那么人们只会在攀比中产生嫉妒，在小小利益前见利忘义，为了得到名利不惜失去其他珍贵的东西。只有放下了名利，才能摆脱各种烦恼的纠缠，到达成功的彼岸。

人正是因为懂得舍弃才会让生活少了些悲伤，当我们懂得了放弃的智慧的时候，人生也将豁然开朗，呈现出更加精彩的景象。

我们应该学会量力而行。即使面对众多诱惑，也能坚持初衷，不畏艰难险阻，不管他人施加多大的压力，不管是来自何方的种种诱惑，都能掌握自己的人生，鉴定地向自己的目标迈进。

只有做到拒绝身边的诱惑，一心一意地朝自己的目标奋斗，才能到达成功的彼岸。

面对名利的诱惑，我们应该：

1.保持一颗清醒的心

一个人面对名利的诱惑要想不为所动，就需要保持冷静，能够理智思考。不要过分看重名利，我们只要把自己所做的事情当作实现自我价值的途径，多些责任心，少些欲望，必定能在人生的舞台上绽放属于自己的精彩。

2.加强自己的意志锻炼，提高自制力

诱惑无处不在，在面对它们的时候，给我们力量正是我们的内心深处，让我们有拒绝的勇气。许多人迷失在诱惑中就是因为缺乏意志力、自制力。我们要做的就是不断加强自己的意志锻炼，提升自制力，让它成为支持我们坚持初衷、不迷失自己的强大助力，不断前行，实现自己的梦想。

3.知足常乐

在日常生活中，有的人对于名利的追逐有一种执着不放的精神，于是，他们以自己的健康、生命为代价，得到之后才幡然醒悟失去了多么重要的东西。不如学会知足常乐，获得内心的宁静、快乐、幸福。知足常乐，是一种与世无争而又安于平凡的心境，也使人们体会到自己身处幸福之中。

人生的路上，去日不远，来日无多，名与利不过是路上的风景，只有淡泊才是人生的永恒。不妨学着遇事之时，放得下，淡泊名利，知足常乐。

智慧寄语

面对生活中诸多的诱惑，我们有两个选择，一是欣然接受，二是断然拒绝。两个选择对应两种不同的结果。喜剧大师卓别林曾说：“学会说不吧，那样你的生活将会美好得多。”在追梦的路上，面对欲望的陷阱，我们要学会说不，不让它遮挡我们前行的方向。

与其羡慕他人，不如珍惜自己所拥有的

很多人明明是众人羡慕的对象，而本人却过得一点都不开心。问及原因，无非就是光顾着艳羡别人，只关注自己没有什么，所以总是觉得自己过得不尽如人意。名人有言：“人生最大的障碍是欲望，最大的敌人是自己的心。”一旦心中有欲望的存在，我们的就被遮住了双眼，再也看不到幸福了，更难以体会到生活中的快乐。

许多人以为，有金钱和权利相伴才是最幸福的事情，所以，总是羡慕别人。为了实现自己的目标，他们不断奋斗，不断追寻，他们来不及享受所拥有的一切，他们也看不见已经拥有的一切。然而，珍惜自己所拥有的才是最大的幸福。

“与其临渊羡鱼，不如退而结网。”与其羡慕他人，不如细数自己的幸福，珍惜自己拥有的。

1.树立正确的价值观

当发现别人在某一方面超过你的时候，你一定要告诉自己，你也有自己的优势，不要拿自己的缺点和他人的优点比。这表面上是在自我暗示，实际上是让自己树立一种正确的价值观，有了正确的价值观就能在别人表现突出之时，真诚赞扬对方，并且认真向他人学习，自己也能在这一过程中有所收获。

2.树立健康的竞争心理

当今社会，竞争激烈，有的人登上成功巅峰，有的人失败。当看到有些人在某些方面比自己优秀时，也不要心怀怨恨，应该学他身上的优点，让自己更加优秀。面对激烈的竞争，我们要树立健康的竞争心理。

3.宽广的胸怀

也许你羡慕的人确实比你优秀，但也不要因此情绪低落，也不要急着否定自己。只有比自己优秀的人的出现才能让我们看到自己的不足，促使我们不断提高，不断成长。当我们看到他人有所成就的时候，不如献上真诚的祝福，表达出自己的欣赏之意。认可别人也是为自己的生命喝彩。

智慧寄语

上帝是公平的，每个人都有自己的优势，都有自己的路要走。有时候我们目前拥有的，正是别人羡慕的。不要盲目地羡慕他人，你也有自己的特点，每一个人都是独一无二的存在。羡慕别人不如珍惜自己拥有的幸福，享受自己所拥有的幸福。

学会控制不合理的欲望

合理、有度的欲望能激发出人们不断前行的动力，而当欲望变质了，那么在遇到诱惑的时候就很容易迷失自我，最终走进欲望的深渊。

在生活中，我们要注意不要被眼前的诱惑所迷惑，这样才是明智的选择。

生活中，有的人为了得到眼前的利益，而不断修改自己的人生规划，不惜改变人生方向，将此当作自己的人生目标。也许他能够在当下有所收获，但是回过头再看，急于求成的人往往事倍功半。还有的人对未来总是充满担忧，今天还没有过完就开始担忧几年甚至几十年以后的事情。无论我们设想多少可能，现实也不会按照我们希望的样子向我们展现，未来并不会因我们的担忧有任何改变。

荀子说："人生而有欲。"每个都有自己的欲望，但我们要学会控制不合理的欲望。宋学大家程颐说："一念之欲不能制，而祸流于滔天。"古往今来，多少人因抵抗不住欲望的诱惑，最后一事无成。诱惑让我们迷失自我，遮挡了我们前行的路。生活中，诱惑无处不在，一不小心就可能走进它们的陷阱。我们应该学会控制那些不合理的欲望，守住自己的底线，不被诱惑所迷惑，我们才能活得更加潇洒、恣意。

托尔斯泰曾经说过："欲望越小，人生就越幸福。"人生的苦恼之一，不在于自己拥有得太少，而在于自己向往得太多。有向往、有追求并不是不好的事情，但是要求过多，而自己又无法达成这些目标，难免使人产生失望或者低落的情绪。因此，我们应该学会适可而止，控制好自己不合理的欲望。对于那些力所不及的事，不要苛求自己。放弃无止境的欲望，将有助于我们获得幸福美满的生活以及渴望已久的成功。

那么，如何控制自己的欲望呢?

1.懂得放弃

想要控制自己的欲望，就要学会放弃，这是对你勇气、胸怀的考验。"观身观心观自在，难舍能舍大智慧。"放弃是控制欲望的最好办法，放弃是一种人生智慧，有舍才有得，不知放弃的人最终只会成为过重的负担，最终失去得更多。青春走过，收获成熟；夏天走过，迎来了丰收，人生因此显得愈加美丽。

2.学会知足

生活中很多人总是有很多的烦恼，处在这些情绪中，就是因为忽视了自己所拥有的珍贵东西。对于那些东西我们总是不加珍惜，而只将目光放在自己没有的部分。其实，人生匆匆，不要在生活中留下更多的遗憾，要学会知足，学会珍惜。

人生飞扬，知足方能常乐，意境深远。不要被过多的欲望所束缚，沉浸在无尽的追求之中，在烦恼中不断挣扎，看不到生活中的快乐。我们应该学会放下某些不切实际的欲望，学会知足，坦然面对生活，获得人生的最高境界，心情愉悦。

3.不要攀比

攀比之心，每个人可能都曾拥有。但如果只是一味地攀比，只会给自己带来更多的烦恼。俗话说："人比人气死人。"无论是谁，都不要沉浸在和他人的攀比中，不要在盲目的攀比中自轻自贱、自怨自艾。与其羡慕别人，不如经营好自己，找到自己的优势，找到自己的前进方向，获得属于自己的成功。不管你是多么地优秀、富有，攀比只会让你陷于烦恼的旋涡。这样的人无论怎么富有，生活似乎总是痛苦的，这样的人痛苦的本身在于自己太爱攀比。

4.暗示自己

欲望往往会加剧生活中的痛苦，一旦欲望无法得到满足，我们就很容易失去人生的方向，陷入对欲望的追逐中。在自己有不合理欲望出现的时候，我们一定要暗示自己，不让欲望毁掉我们的一切。

智慧寄语

人们痛苦的原因，有时并不是因为拥有的东西太少，而是欲望太多了，但自己又无法实现所有的欲望，这就使人产生了一定的心理落差，难免产生失落、失望、苦闷等情绪。若将欲望控制在一定范围内，那么它们将成为我们向上的动力；若是欲望过度，则会走进欲望的陷阱，深陷黑暗之中。女人们一定要掌握控制好情绪的方法，让欲望成为助力，而不是阻力。

第10章 做女人，不忘记美丽才能活出美丽

“女人如花，花如梦。”女人就该活出自己的精彩。如果你不够漂亮，那你可能有气质；如果你没有气质，那你可能有仪态美。总之，美丽是女人天赋的权利，女人不要忘了自己的美丽，用自己的力量将自己装扮得更加赏心悦目。美具有神秘的力量，美能让人忘却昨日的悲伤，有继续前进的勇气。女人应该绽放属于自己的魅力，活出精彩。

知性让女人更美丽

知性是专属于女性的名词。知性让女人遇事保持冷静、保持理智，一个知性的女人有一种成熟美。知性美也是一种聪明的美，智慧的美，淡然的美，优雅的美。知性让女人愈加美丽、迷人。

知性是由知识带来的特质，是处于感性和理性之间的智慧美，而它又偏向理性。知性美也是一种淡定的美，成熟的美。它是由文化涵养发出的外在气质，一个人不一定有美丽的外貌，但可以通过培养自己知性的气质，让自己有一种独特的魅力。对于一个女人而言，知性美也是一种高层次的魅力，它表现在内在修养和外在气质上。

知性无关外貌，重要的是内在。或许美丽的外貌会给人带来瞬间的美的冲击与愉悦，但女人要明白，美丽的容貌也会随着时间的流逝而消减，只有不明智的人才会把容貌当作自己骄傲的资本。

美丽的外表也许让你一时风光无限，但是不要忘了，世间从来不缺美丽的人，不同风格的美人，她们各有千秋，你又怎能保证你一定能脱颖而出呢？不如从现在开始充实自己的内心，培养高雅气质，做个知性美人。

知性是可以靠后天培养的，有了知性美能让我们受益终生。一个真正的知性美女，给人如沐春风的感觉，更容易获得身边人的赞赏和喜爱。知性女孩身上所展现的人格魅力及吸引力足以影响人的感知能力。女人美丽的容颜会随着时间而流逝，而知性却可以让女人随着年龄的增长愈加展现出独特的魅力。

1.多读书

莎士比亚说过："书籍是全世界的营养品，生活里没有书籍就好像没有阳光，智慧里没有书籍就好像鸟儿没有翅膀。"读书能够增长知识，开拓眼界；读书能够明理，提升能力；读书能陶冶情操。一个智慧的女人，要想培养自己的知性美，就必须好好读书，经常读一些好的书籍。一个人读的书到了一定的量，自然能由内而外散发出一种独特的气质美。著名作家王玉君说过："世界有十分色彩，如果没有女人，世界将失去七分色彩；如果没有读书的女人，色彩将失去七分的内蕴。爱读书的女人美得别致，她不是鲜花，不是美酒，她只是一杯散发着幽幽香气的淡淡清茶。"

2.培养自己的兴趣爱好

知性女人必定有良好的道德修养和文化素养，她们的美是由内而外的，而这种独特的美感大多来自后天的培养和知识的沉淀。想要成为知性的女人，除了增加自己的知识储备外，还要提升自身素质与涵养以及拥有广泛的兴趣爱好。

一个漂亮的女人，如果没有自己的兴趣爱好，也没什么梦想，整天无所事事，浑浑噩噩，那么她的美丽也会大打折扣。选择你感兴趣的事情，并且坚持下去。很多自我修养方面的培养都是在成年以后才开始的。通过点点滴滴的积累，你就会发现你的气质以及生活都在不知不觉中发生了改变。

3.着装得体

女性透着一种知性的魅力，这种魅力不仅来自精神状态，还来自于得体的着装。着装礼仪是一门很深的学问，在不同的场合、不同的时间该穿什么样的衣服，是一个值得思考的问题，因为这将直接影响别人对你的印象。着装的一些小细节也不容忽视，服装能够体现出一个人的素质和魅力，也能为我们赢得更多的机会，让成功早些到来。

4.提高自身素质

生命是有限的，而学习是无限的。我们应该不断学习提高自身素质，以工作内容和兴趣爱好为出发点，来选择适合自己的学习内容。

为了紧跟时代的脚步，女人应该及时了解最新的科技、经济、管理等方面的知识，既要有自己工作方面的学习，也要有塑造丰富而强大内心的学习。提高自身素质是永葆女性知性美的不竭动力。女人要不断提高悟性，多多思考，将自己所学的知识融会贯通。这样的女人必定是充满魅力的，是成功的，也是快乐的。

学习的方式不拘泥于书本，行万里路是学习，听取别人的经验是学习，人际交往也是学习。

智慧寄语

知性女人如一幅美丽的画卷，一举一动都散发出独特的魅力。知性女人着装得体，举止优雅，有坚强的意志和勇往直前的勇气。随着光阴流逝，美丽的容颜不断消逝，知性的女人反而展现出一种独特的韵味。

气质产生美感

女性真正的美并不是体现在容貌上，女人的美在气质上。真正的优雅是一种阅历，真正的从容是历尽千帆后的沉淀。岁月会带走女人美丽的容颜，却带不走女人内在的气质。气质让女人越活越美丽、迷人。

漂亮的容颜会随着时光的流逝渐渐消逝，是转瞬即逝的；而气质则随着经历和阅历的丰富而越来越好，不会随着时间的流逝而消失。就如居里夫人说的："17岁时，你不漂亮，你可以怪罪于你的母亲，她没有遗传给你好的容貌；但是，30岁了你依然不漂亮，你就只能责怪你自己了，因为在那么漫长的日子里，你没有往你的生命里注入新的东西。"

罗曼·罗兰指出："气质是很抽象的东西，但是，它给人的印象却非常明显。"我们时常会发现某个女人很有魅力，这种魅力正是源自其内在的气质。气质是一种精神因素的外在表现。

气质美看似无形，无法体现出来，其实，一个人的言谈举止、个性、衣着等方面都能展现气质。如与人初次见面的时候，别人除了通过你的衣着打扮了解你，还能从你待人接物的方式、说话方式等方面来了解你。若是你能举止得体、优雅大方、热情有礼，就表露出一种高雅的气质。

那么，女人如何才能涪养自己的气质呢？要想成为有气质的女人，就不能缺少精神境界的提升，就不能少了道德、文化、品德的培养。具体来说，女人可以从以下几点来提升自己的气质：

1.知书达理，宽容大气

不懂礼貌的女人是粗俗不堪的，不论你是什么身份、地位，都要学会尊重别人，这样才是真正的尊重自己。一个知书达理的女人永远都会受人们的欢迎。若一个女孩光有美丽的外表，但是不通情达理，总是无理取闹，那么与人深入交往过后，就很难获得大家的喜爱。此外，知书达理的女人有一颗宽容的心，遇事不斤斤计较，能控制情绪。当和人发生争吵的时候，学会退一步，赢得他人的尊重，这样会让你显得更有风度和涵养。

2.多读书

女人的知识和教养都是通过不断的学习得到的。读书可以培养出女人高雅的气质，让女人有独特的魅力。一个不爱读书的人终将被时代淘汰。因此想成为知书达理的人，就要多读一些有意义的书籍，增加自己的知识储备，提高自己文化修养，充实自己的内在，让自己的魅力由内而外散发出来。

智慧寄语

有气质的女人让人如沐春风，不知不觉被其吸引，她们就像一幅美丽的画卷，具有丰富的内涵，具备超强的“可读性”和“可鉴赏性”。做一个有气质的女人其实并没有想象中那么难，只要平时多注意自己的言行举止，培养广泛的兴趣爱好，多读书，从生活的点滴做起，就能塑造更加优秀的自己。

三分美丽，七分打扮

化妆不仅能让我们更加美丽，还能体现出我们对对方的尊重。“中国时尚礼仪第一人”周思敏说过，“女人出门一定得化妆，这样才会自信，也是尊重别人的表现。”

妆容符合场合既是对他人的尊重，也是对自己的尊严、形象、品位和亲和力的肯定。

妆容是人体装饰艺术中最重要的组成部分，也是日常生活、交际礼仪中不可缺少的。得体的妆容能更好地展现出女人高雅、大方等魅力，为女人的美丽添彩。化妆能打造出美丽的妆容，它是用化妆品及艺术描绘手法来达到装扮美化的目的。化妆一定要适当，要符合场合，只有懂得化妆的人才能很好地掩盖自己的缺点，更好地展现自己的美，让自己更有魅力。

任何人都希望留住时间的脚步，爱美女人更想持久美丽，但岁月的痕迹也会悄然刻画在人们的脸上。我们该如何做呢？化妆，是魅力女人的秘密武器，可以掩藏年龄的秘密。

懂得化妆的女人，是有智慧的女人；善于化妆的女人，是美丽的女人。化妆，让女人不再惧怕时光的流逝会带走自己美丽的容颜。

女人的美是“三分天生，七分打扮”的说法一点都不为过。化妆是一门艺术，是运用色彩、线条、层次感创造美感的一种方法。

1.妆容应与皮肤、年龄相适应

化妆应考虑到皮肤情况、年龄等因素。就皮肤方面而言，皮肤有不同肤色、不同肤质之分，因而化妆的技巧也有所不同。例如比较白皙的女士，化妆就不必注重增白方面了；而偏黑的女士，红光满面，也就不要追求白了，可以着重追求唇红齿白的效果，来突出自己的特点。

对于不同年龄段的女士，也有不同的化妆技巧。如年轻的女士适合清爽的化妆法，过厚的化妆品只会让自己看上去更成熟，失去了青春该有的清新、自然，而淡雅的妆容，则会突出女性的青春、活力。对中年女性来说，皮肤远不如少女时期的水嫩，眼角也开始有眼纹的出现。这时候，化妆就应该遵循适度的原则，避免过度扑粉，应多选一些乳液状的护肤品来滋润皮肤。眼睑处的皱纹，可用乳状眼影膏或柔软的眼线笔加以掩饰，让自己显得更加年轻。

2.和谐

和谐是化妆的最高境界，若这种和谐还能与个性和特色相结合，就更好了。这里所指的和谐包含三个方面的内容：一是面部妆容的和谐，表现在局部的妆面、色彩、风格都统一；二是妆容与整体造型和谐，也就是妆容和服饰、配饰的整体造型和谐一致；三是妆容与所处的外部环境的和谐，这里的外部环境指的是你想要展现的面貌、你所处的场合、你的个人特点等，你要做的就是将这些内容表现出来并强化它们。

3.精致

化妆也要讲究细致，也要注意小细节。在生活中，有的女性朋友根本就没有化妆的概念，也没有保持自己形象的意识，因此也就造成了有时不注重化妆的小细节，如口红边沿不清晰、眉毛杂乱等现象。追求细致是需要过程的，需要你意识到细致的重要性，并且坚持不懈地反复练习，逐渐养成注重精致的好习惯。

智慧寄语

爱美之心，人皆有之，每个人都想让自己更具美感，没有人想要面对一个不修边幅的人。无论到了什么年纪，也不要忘了用美丽的服饰装扮自己，用精致的妆容打扮出光鲜灿烂的自己。

选择适合自己的服装风格

马克·吐温表示："服装可以建造一个人，不修边幅的人在社会上是没有影响力的。"一个人的服装能够体现出很多信息，如他的经历、文化底蕴、道德修养等。服装艺术成了人们生活的一个重要组成部分。

得体的着装是向别人很好地展现自我的一种方式。穿上适合自己的服装，就是在展现自己的精彩。有些人觉得时尚就是不断地改变和创新，但是对于真正懂得时尚的人来说，适合自己的就是最好的，找到自己的风格，坚持下去。适合别人的不一定适合你，了解自己，选择适合自己的，才是明智的做法。与其每天关心最近流行什么，别人都穿什么，不如在众多的穿衣风格中选择出适合自己的，穿出自己的精彩。漂亮时髦的装扮，没有办法伴随我们一生，但风格可以做到。我们的穿衣风格不必紧追时尚潮流，只要找准自己的定位、风格就好。

常言道：“花靠叶衬，人靠衣装。”合适的服装能为我们的美丽加分，更能凸显你独特的气质。拥挤的人群中，正是因为有了各种各样服饰的存在，才让我们显得更加与众不同。在人际交往过程中，服饰的作用也是不容忽视的，服饰能够体现出人的外观。从某种意义上说，穿着、打扮不仅能够美化一个人的仪表，还能反映一个人的道德修养、情趣、素质、品位等。著名作家郭沫若曾经说：“衣裳是文化的表征，衣裳是思想的形象，社会主义带来了永恒的春天，我们必须有适应季节的衣裳。”很多人喜欢通过一个人的字来了解一个人。其实，在社会交往活动中，人们也愿意通过一个人的服饰来了解他的内在，尤其是对初次见面的人来说。所以，我们要注重服饰的作用，选择适合自己的风格。

对于衣服的选择，女人们都有自己的标准。有时候穿在别人身上很好看的衣服，穿到自己身上也许并不同样美丽。适合别人的衣服，不一定适合你，这句话放在当今追求时尚的女性身上颇为合适。很多女性不考虑自己的实际情况，总是跟着潮流走，紧抓住时尚脉搏，结果就穿出一种不伦不类的风格。什么是美？什么才是适合自己的呢？什么服饰才能提升自己的魅力呢？其实，适合自己的衣服才能凸显你的魅力，适合自己的才是最好的选择。

几乎每个女人都希望自己魅力四射，其中服装就是提升自己魅力的一个重要工具。但是，并非每个人都能选择到适合自己的服装。每个人的身材、气质各不相同，我们选择衣服的原则就应是扬长避短。若是气质硬朗的人选择了甜美风格的衣服，则就无法凸显出自己的气质，往往只会适得其反。

那么，我们该如何选择适合自己的衣服呢？

1.了解自己的特征

想要找到适合自己的服装风格，就要先了解自己的特点，这包括：外型的轮廓特征和体量特征、面部、身材、神态以及性格等。通过这些元素来找到适合自己的风格，适合自己的才是最好的。

2.挑选适合自己的服饰

在服饰的选择方面，女性朋友们可根据自己的特点来选择适合自己的。每个人的特点都是不同的，服饰在一定程度上可扬长避短，突出自己的特点。不同女性的五官特点也是各不相同，有的充满活力、有的文静内向、有的简洁大方、有的小家碧玉、有的温柔、有的优雅……不同的五官特点，展现出不同的魅力，也就对应着不同的穿衣风格。现在我们根据自己的特点，找到属于自己的穿衣风格才是关键。

3.选择适合的颜色

服装的颜色也是选择服饰的重点。合适的色彩搭配常常能带给我们美的享受，令人眼前一亮。一般来说，颜色也有冷暖与深浅之分。深色显得庄重、沉着，浅色给人清新、文雅的感觉，暖色显得热情、充满活力，冷色显得沉静。不同的颜色给人不同的感觉，若搭配得当，也能让你更好地彰显自己的个人魅力。

4.注意场合

在日常生活中，选择合适自己的风格固然重要，但也不要忘了自己所处的场合，不要让自己显得格格不入。例如参加正式的会议，服饰应正式一些；听音乐会或欣赏芭蕾舞表演，应选择正装；而与朋友去郊外游玩，则应遵循舒适、便于活动的原则。试想一下，若是在一个正式的场合，身边的人都是正装、礼服，而你却是一身休闲打扮，只会显得你不修边幅。同时也显示出了你对他人的不尊重，也会让自己陷入尴尬的境地。

智慧寄语

适合自己的才是最好的，不要追求潮流，要选择适合自己的风格。选对了，即使是简单的服装搭配，也能展现出自己的独特美感，让人惊艳。这就需要我们从了解自己以及培养品味开始，更好地展现自己的独特魅力，让自己穿出精彩。

用配饰点缀你的美丽

现如今，女人对于服饰的要求越来越高了，既要体现出品位，还要展现出个人魅力。服装艺术已成为人们生活中的一个部分。有时不同的人穿相同的衣服，在细节方面的不同，就会展现出不同的风貌。而饰品就属于这些小细节，更能展现出一个人的内在品质。

对于女人而言，一个美丽的配饰是有魅力的，能给服装带来不一样的美丽，展现出佩戴者独特的个人魅力，或优雅，或高贵……

配饰为什么能点缀女人的美丽呢？这是因为不同的配饰，小巧、别致的耳环、夸张的项链、造型别致的胸针……无不像绿叶衬红花一样，衬托着女性的美丽，让她们更加光彩照人。这些配饰和衣服、妆容等和谐统一，承载了女人的文化涵养和审美情趣，为衣服增添了活力，让女人成为最美丽的风景。

选择饰品也有很多讲究，其中的学问也是很奇妙的，那么怎样才能选到适合自己的饰品，让你变得更加美丽，更加具备自信，可以更好地展自己的内在呢？下面是一些配饰选择的小技巧。

1.项链

项链是常见的配饰，每个人都有很多的项链来搭配自己的服装，让人眼前一亮。而项链的选择也要以自己的脸型为基础。例如圆脸女性最好选择细长型的项链，有吊坠是最好的．这样能拉长脸部线条，让脸看起来更加瘦长。而瓜子脸的女性则正好相反，应选择短款的项链，这个小小的配饰能起到修饰脸型的作用，不让脸部线条显得过于突兀。鹅蛋脸型女性在选择过程中就要避开以上两种，选择中等长度的项链，没有吊坠最佳，以衬托脸部轮廓。

2.围巾

围巾也是重要的配饰之一。很多时候，一条围巾能让你的打扮更加美丽，更加突出自己的特点，散发自己的魅力。在围巾的选择方面，要考虑到自己所处的场合，如在正式的场合，选择围巾应遵循大方、优雅的原则，且与自己的整体服装风格和谐一致，让围巾为你的全身造型画龙点睛。

3.戒指

小小的一枚戒指，也能给你服装搭配加分，让你展现出自己的魅力。戒指可根据自己手指的特点进行选择，对于手指细长的人来说，横线款的指环就是很好的选择，最好不选择梨形和直线形；而对粗短手指的人来说，直线或斜线款样式的戒指是不错的选择，最好避开圆形和方形的；对手指粗细中等的人来说，就可以随心选择了。

智慧寄语

得体的服饰、精致的妆容，都能让女人更有魅力。若在加上一些小小的饰品，则让女人更具美感。不要小看配饰的巨大魅力，虽然它们看上去很简单，但是往往能起到画龙点睛的作用。若搭配得当，和衣服产生和谐的共鸣，必定给自己的美丽加分。

第十一章 保护好身体，女人才有资本活得美丽

每个女人都想自己是魅力四射的，渴望获得他人的赞扬，活出自己的精彩人生。自信、积极、善良、包容等优秀的品质，自然是美丽女人不可缺少的因素，而健康，更是女人一切幸福的基础。女人只有保护好自己的身体，才有资本活出人生的真谛。

科学喝水有益身体健康

喝水的问题经常被人们忽略，却是人体必需的，水是身体健康的基础。每天我们都要保证充足的水分摄入，调查显示，人们可以持续一周不吃饭，但是无法坚持长时间不喝水，而禁食的人一般都会喝大量的水。

我们身体中60%都是水分，它是我们身体健康的基础。如果我们饮用的水过少还可能引发很多身体问题，缺水时细胞无法正常工作，器官也会遭到破坏等。当人们处于焦虑、抑郁等情绪中，喝过水后，其精力会更加充沛，心情也能好起来。所以，在我们情绪不佳的时候，不妨试着喝点水，调节一下自己的情绪，让自己冷静下来。

喝水不仅有利于促进新陈代谢，还对营养的吸收、废物的排出、调节体内水分和盐分的代谢平衡、提升免疫功能，都有积极的影响。不仅如此，喝水还能让女人更加美丽。喝水能够补充体内的水分，促进肌肤的健康发展。

水是生命之源，在人们的生活中占据着重要的地位。对于女性来说，水还有美容的效果，女人更要注重学会科学喝水。

既然人的健康是离不开水的，那么，喝水时应该注意哪些呢？

1.早晨起床后不宜喝淡盐水

很多人认为清晨喝一杯淡盐水对身体有积极影响，有助于肠道的清洁。其实，这种想法是错误的。

生理学研究证明，人在整夜睡眠中滴水未饮，然而呼吸、排汗、泌尿却在进行中，这些生理活动要消耗损失许多水分。早晨起床时，血液已成浓缩状态，此时如饮一定量的白开水可很快使血液得到稀释，纠正夜间的高渗性脱水。而喝淡盐水反而会加重高渗性脱水，令人更感口干。

其实，食用过多的盐也是对健康无益的。食盐以钠离子和氯离子的形式存在于人体的血液和体液中，它们在保持体渗透压、酸碱平衡和水分平衡方面起着非常重要的作用。但是，盐的摄入量也要合适，不宜过高。若过高，体内钠离子增加，会引起表面细胞失水，从而造成皮肤老化，时间长了会加快女人的衰老速度。

所以，一定要注意盐的摄入量，不要让自己的行为影响了自己的容貌或者健康。女人应该学会科学地喝水，让自己愈加美丽。

2.出汗较多、运动后，喝淡盐水

在出汗过多或者激烈运动后，不宜饮用白开水。这些水不仅不能保存在组织细胞内，反而更容易排出体外，根本无法补充水分的流失，还可能引起不良反应，如心悸、无力等。这时，最好的选择就是淡盐水，以补充丢失的水分和盐。那么，是选择冷水还是热水呢？答案当然是热水。热开水进入机体后，会迅速渗入细胞，及时补充因出汗引起的水分缺失。冷饮虽然会让你感觉更舒适，但对自己的身体可能会有影响。若大量饮用冰镇饮料，很可能会引起胃肠道功能紊乱。

3.少量多饮

喝水应该适量，不宜过多或者过少。喝水也要注意少量多饮，若一下饮水过多，这些水会积累在肠胃中，令人产生饱腹感，不仅如此，这些水还会冲淡胃液，导致胃肠的吸收能力减弱；而若饮水过少，则不能满足身体所需的水分。

智慧寄语

女人应该掌握科学喝水的方法，促进身体健康发育，不让错误的喝水方式为疾病带来方便之门。

运动是女人健康的保障

运动与健康有密切关系。医学之父、古希腊名医希波克拉底说过：“阳光、空气、水和运动，是生命和健康的源泉。”这句话传颂了两千多年。就是说，你要想得到健康，运动同阳光、空气和水是一样重要的。但是，在现代社会，人们每天都有许多事情要做，要完成工作，要处理复杂的人际关系，要处理好家庭问题，并且现在科技越来越发达，人们的代步工具越来越多，公交、地铁、高铁，人们已经很少在运动上花费时间了。其实，运动也是生活必不可少的一部分，运动是人健康的保障。由于缺乏运动，很多人开始出亚健康及各种疾病。运动的问题已经不容忽视，为了自己的健康着想，开始进行科学、健康的运动吧，让它给我们带来健康、长寿和美丽。

运动对我们的身体有哪些影响呢？

1.对新陈代谢的影响

体育锻炼能促进体内组织细胞对糖的摄取和利用能力，增加肝糖原和肌糖原储存。体育锻炼还能改善机体对糖代谢的调节能力。例如，在长期体育锻炼的影响下，胰高血糖素分泌表现对运动的适应，即是在同样强度的运动情况下，胰高血糖素分泌量减少，其意义是推迟肝糖原的排空，从而减慢衰竭的速度，增加人体持续运动的时间。脂肪是在人体中含量较多的能量物质，在体内氧化分解时放出能量，约为同等量的糖或蛋白质的两倍。长期坚持体育锻炼能提高机体对脂肪的调用能力，为人们从事其他活动提供能量。

2.体育锻炼对运动系统的影响

坚持运动，对骨骼、肌肉、关节和韧带都会有积极的影响。经常运动可使肌肉保持正常的张力，并通过肌肉活动给骨组织以刺激，促进骨骼中钙的储存，预防骨质疏松；同时使关节保持较好的灵活性，韧带保持较佳的弹性。锻炼可以增强运动系统的准确性和协调性，保持四肢的灵活性，使人可以轻松自如、有条不紊地完成各种复杂的动作。

3.预防呼吸系统疾病

经常参加体育锻炼，尤其是做一些伸展类运动，可以使呼吸肌力量加强，胸廓扩大，有助于肺组织的生长发育和肺的扩张，从而增加肺活量。想要提升肺活量，还可以经常做深呼吸运动。大量实验表明，坚持体育锻炼的人的肺活量有明显提升。

经常参加体育锻炼能使呼吸力量增强，从而增加呼吸深度，以有效地提高通气量。研究表明，一般人在运动时肺通气量能增加到60升／克，经常进行体育锻炼的人的肺通气量比一般人每分钟多40克。

4.促进心理健康发展

在运动中，在挥洒的汗水中，我们的注意力就会被转移，那些困扰我们的压抑、失落、抑郁等情绪，也就随之消散，获得内心的宁静。运动也能让我们找回那些快乐的情绪，缓解内心的不良情绪，让我们能时刻保持最佳的状态，来面对未来的重重险阻。

智慧寄语

要想成为一个健康的人，要想保住生活中更多的乐趣，就要多运动。

女人怎么吃零食才健康

女人和零食，似乎总有着特殊感情。有人说，“女人爱吃零食，就像男人爱抽烟一样，都是由于人类天生就有吸吮的需求。”在享受零食的同时，不仅有味蕾的享受，还能体会到快乐与满足。

现如今，零食在人们的生活中扮演着重要角色。它的种类、形式、味道开始向着多元化发展，也因此更受广大女性的喜爱。人们喜欢在午后、外出旅游的时候、忙完工作后，吃一点零食，补充能量。在你和朋友聚会的时候，若是有一些瓜子、糖果等小零食，它们也是能起到很重要的作用，有助于创造和谐。

很多女人还把零食当作心情低落时的最好消遣，在吃零食的过程中那些不好的情绪也不翼而飞了。心理学家认为，从性质上说，吃零食行为与自我抚慰行为的机制是相同的。吃东西不仅能满足生理的饥饿感，还能消除紧张、伤心等情绪。当食物与嘴部皮肤接触时，它能够通过皮肤神经将感觉信息传递到大脑中枢而产生一种慰藉，使人通过与外界物体的接触而消除内心的孤独。

面对市场上越来越多的零食种类，很多人抵制不了它们的诱惑。但是，吃零食并不都是积极的作用，还有一些负面的影响。很多零食能引发人的肥胖，如巧克力、冰淇淋等。若吃大量的零食，会导致人摄入的热量远高于身体所需的部分，这些多余的热量将堆积在人身体内，会导致肥胖。所以，女人吃零食也要注意选择一些健康的，并且要控制零食的量。

那么，什么才是健康的零食呢？

1.坚果

有研究表明，每周吃少量的坚果可有助于心脏的健康。像核桃、杏仁、松子、花生、榛子、板栗、腰果、葵花子、南瓜子等都属于坚果，它们营养丰富，是养生佳品。但由于它们的脂肪含量不低，所以不可过量食用，以免导致肥胖。因此，吃坚果以每周50克1两左右为宜。

2.奶制品

各种奶制品如酸奶、纯牛奶、奶酪等含有优质的蛋白质、脂肪、糖、钙等营养素，可以每天食用。酸奶、奶酪可作为上下午的加餐，喝牛奶的时间可选择在早上或者睡前。

3.水果

新鲜水果富有维生素、纤维素，是人体最好的健康零食。如果你不爱吃水果，可以用水果片代替。经过烘烤、脱水后的水果片，富含纤维素和矿物质，如苹果片、山楂片。这些食物几乎没有能量，加工过程也不加糖，不经过油炸，是纯天然的食品，尤其是味道不错，可以替代其他不健康的零食。

智慧寄语

吃零食，不要多吃。不要一次性吃一大袋或一大盒的零食，用小碗或盘子装着吃，适可而止，这样有助于记录每次的摄入量。不要在看书、看电视或用电脑工作时吃零食，因为这时你会忽略自己的摄入量。

年轻女性要把睡眠放在心上

很多年轻的女性白领，因为工作和生活习惯等诸多原因，都是熬夜到很晚。无论是自己想要晚睡还是被迫晚睡，都面临着睡眠时间和睡眠质量无法保证的问题。

有的人总觉得自己还年轻，抱着少睡些没什么影响的心态，完全不将睡眠问题放在心上，总以为化妆能遮挡自己因晚睡而出现的黑眼圈。其实，你的睡眠时间和质量将直接影响你第二天的精神状态，还会对你的皮肤和身体状况产生影响。如果长期睡眠不足或睡眠质量不高，就会精神状态不好，有损健康，甚至引发疾病。

若睡眠不足，会导致皮肤暗淡无光，这是因为睡眠不足就会造成体内血液循环异常，使皮肤表面毛细血管代谢失调，进而影响皮肤状态。美容专家强调，夜间肌肤再生的速度几乎是白天的30倍。不仅如此，睡眠不足还会加速人们的老化。这种老化会随着年龄的增长而加重，25至30岁时，你的脸上可能开始出现细纹；40岁左右，皱纹开始出现在额头上；50岁时，整个脸都是“岁月的痕迹”。女性想要更加美丽，就应该将睡眠的问题放在心上。

人生中有很多时间都是用来睡觉的，睡眠和我们的生活与健康息息相关。如果想让自己睡得更加科学、健康，需要注意以下几点：

1.睡眠的姿势

有的人睡觉的时候采用俯卧的姿势，其实，这种姿势是十分不利于健康的。这个姿势会让胸部受压，对于女人来说，还会影响胸廓和乳房的发育，应该选择一种更加合适的睡姿。此外，仰卧会对女性的子宫造成不利影响，也不是最佳睡姿。那么，对于女性来说，怎样的睡姿才是合理的睡姿呢？

合理的睡眠姿势，就是最自然、舒适的侧卧。右侧卧的睡姿既不会压迫心脏，又不会影响肠道蠕动，要比左侧卧更好。专家建议，女人在睡觉过程中，可以多变换几种睡姿，不然即使是合理的睡姿坚持的时间过长，也会对肩关节等部位造成不利影响。

2.乳罩

在睡觉前，要把乳罩脱下来。白天乳罩能有效支持和保护乳房，让乳房免受损害。而当睡觉的时候，你就不可以戴乳罩了，因为这样做很可能招致疾病，特别是诱发乳腺癌。科学研究显示，每天戴乳罩超过12个小时的女性患乳腺癌的风险比短时间戴乳罩的女性高20倍以上。对此专家这样解释：这是由于乳房长时间受到压力，导致淋巴回流受阻，使有害物质积压在乳房引起的。所以，女性在睡觉时最好不戴乳罩或者解松纽扣。

3.化妆品

很多女人，特别是年轻的女性，由于工作压力大，生活节奏快，每天晚上拖着疲惫的身体回到家时，都不顾卸妆就倒头大睡了。其实，不卸妆就睡觉对皮肤有很大伤害。不卸妆睡觉，化妆品内的有害物质会沉淀在皮肤内，造成皮肤暗淡没有光泽。不卸妆睡觉还很容易导致肌肤长痘，甚至会引起皮肤过敏。这是由于长时间不卸妆，导致毛孔堵塞，使有毒物质残留在体内，阻碍了皮肤细胞的代谢功能。所以，女性要拒绝不卸妆睡觉。

睡觉前及时卸妆，能让肌肤得到充分呼吸，不仅可保持皮肤润泽，还有助于更早进入睡眠。在我们的周围有潜藏着很多破坏皮肤健康的因素，如空气污染、紫外线、尘埃等，而化妆品的强吸附力让这些有害物质一部分附着在皮肤上。再加上皮肤上带有的油垢、汗水，若不彻底清洗干净，会妨碍肌肤的正常代谢，进而引发青春痘、暗疮、粉刺等肌肤问题。常不卸妆的人，污垢会一直残留在皮肤中，为肌肤留下隐患。所以，无论你回家之后有多累，都不要忘了卸妆。

智慧寄语

俗话说，会睡的女人美到老，有一定的道理。女人想要健康美丽，必须要保证充分的睡眠。好睡眠才会使我们有充足的精神开始一天的工作，正常的睡眠规律会使机体健康工作，睡眠不足就会不同程度地影响到身体健康。

壮志凌云，做一个健康的人

强健的体魄、充沛的精力、聪慧的智力，是成功的助力，也是推动事业的动力和根本的保证，这是成功的必备条件。

健康是无价的，每一个健康的人，都拥有一比巨大的财富。生活中许多人往往忽略了自己的健康。聪明的人兼顾事业的同时不忘健康，愚者只顾奋力前行而不顾一切，最终失去健康。你可以有很多梦想，很多追求，但若是没有了健康，一切都将沦为空谈。一个人应该把健康放在首位。

身体健康与否，可以决定一个人勇气与自信心之有无，而勇气与自信又是走向成功必备的条件之一。如果一个人没有足够的力量，那么遇到困难的时候，往往会无力应对。他们必定会筋疲力尽、失去勇气、意志不坚定，因此，他们很难有所成就，最终沦为生活的失败者。可见，拥有健康，你不一定得到一切，但失去了健康，你将会失去很多。一个人的成功与否，有时也看你是否能保持健康，是否有足够的精力。由此可见，健康的重要性。

很多人把工作作为自己的重心，为了更好地工作不惜舍弃自己的健康。身体健康才是人的本钱，身体健康才能更好地实现自己的价值。如果总是熬夜加班，耗费体力和脑力，再好的身体也会出现问题。不要等到健康离自己远去，才追悔莫及，到那时想要重新找回健康，不知又要耗费多少时间了。不如从现在开始，珍惜自己的健康，不要让工作成为自己的负担，在工作中也要注意劳逸结合，在生活中坚持体育锻炼，以更好的精神状态面对生活和工作中的各种挑战。

健康是女人事业的基础，一个女人只有身心健康，才能更好地打拼事业，更好地享受生活。

1.运动

“生命在于运动”，运动已经成为人们生活的一部分，并且对我们的健康有积极的影响。从《吕氏春秋·尽数》中“流水不腐，户枢不蠹”，到两千五百年前古希腊奥林匹亚山峭壁上的名言“如果你想强壮，跑步吧！如果你想健美，跑步吧！如果你想聪明，跑步吧！”都能看出这一点。为了离健康近一点，你千万不要忘了进行科学的运动，它可以使我们生活得更加健康、美丽，让我们更加长寿，并远离疾病的困扰。

2.充足的睡眠

睡眠在人们的生活中是很重要的一部分，人一天有三分之一的时间都在睡觉。只有保证每天6至8小时的睡眠，才能让人们以更加好的精神面貌去迎接新的一天。若是睡眠不足，很可能让人第二天精神无法集中，动作无法协调。有些人认为这些影响都只是暂时的，只要自己好好睡一觉就都消除了。但是，科学研究表明，睡眠不足所带来的不好影响会不断累加，最终成为危害健康的一大元凶。

不仅如此，不良的睡眠还有可能引发疾病，如感冒、抑郁症、糖尿病、肥胖、脑卒中、心脏病等。此外，经常缺乏睡眠还会诱发精神错乱。所以，女人每天要保证充足的睡眠。

3.关注心理健康

身体健康固然重要，心理健康也不容忽视。现代女性，既要做好本职工作，处理复杂的人际关系，还要照顾好家里，所承受的压力是十分巨大的。所以，她们常常感觉疲惫不堪，甚至情绪波动极大，很可能出现抑郁、焦虑等情绪。想要心理更加健康，女性就应该及时调节好自己的情绪和心情，宣泄出内心的负面情绪，让自己重新找回快乐、乐观的心态。

智慧寄语

健康是无价之宝，健康是人的第一财富，健康的身体就是事业的基础，没有健康，其他的一切将成为泡影。但是古往今来，总有许多人不珍惜健康，到失去了才采取行动。我们不如平时就注意多运动，让运动成为一种习惯，拥有强健的体魄，让我们的精力更加充沛。

第12章

拒绝病恹恹的生活，女人要学会抵抗忧郁

人生并不是一帆风顺的，每个人都会遇到不顺的事情，同样都会遇到挫折，为什么人与人之间的心境会有如此大的区别呢？其实，这都源于人的内心。等体验到生活中的美好时，你的生活也就充满快乐了，别让抑郁摧毁你的生活。

我的情绪我掌握

在快节奏的都市生活中，我们因为遇到了不同的人和事情，情绪也产生波动。遇到挫折的时候，有点不良情绪是正常的。但最重要的是能够适度控制一下，若是任自己的不良情绪恣意发展，则会发展为成功路上的绊脚石。

生活之中，我们受周围的事物或者人的影响，产生不同的情绪。不良的情绪扰乱我们的生活，常常使我们的工作或者生活陷入一团糟。成功的人能成功地控制自己的情绪，而失败的人只能沦为情绪的奴隶，让情绪主宰生活，把许多成功的机会浪费掉。

有时，情绪如同一枚炸药，不知何时会爆发，摧毁我们的生活。遇到好事情的时候就喜极而泣，遇到悲伤的事情的时候就就此消沉，人的喜怒哀乐都由自己所左右。

爱、自信、乐观、高兴、悲伤、嫉妒，都是人的情绪。情绪可能是我们成功的助力，也可能是成功的阻力。我们必须学会控制自己的情绪，不要让情绪控制左右我们的生活。

一个成熟的人往往是一个能控制自己情绪的人，无论面对何种困难，他们都会理智地思考问题，不让情绪蒙蔽理性。我们应该把情绪的控制权掌握在自己手中，让它按照我们的想法行事。

那么，我们该如何控制自己的情绪呢？

1.学会发泄

每个人总会经历各种各样的不顺，就看我们如何面对，是选择积极还是消极。想要轻松、快乐地生活，不妨将那些埋藏在内心深处的负面情绪发泄出来，不要等这些情绪越积越多彻底爆发之时，才体会到发泄的重要性。

2.多发掘生活积极的一面

心理状态决定了我们的生活。拥有积极、乐观的心态，能够正确看待生活中的挫折，勇往直前，必定能收获更多。乐观的人懂得发现失败中的希望，不被那些负面情绪影响。所以，我们应该学着发掘生活积极的一面，不被眼前的失败打倒，有奋发向上的力量。而当我们把目光放在积极的事物上，也就没有时间关注那些不快的因素了。

3.运动释放

当你情绪低落的时候，不妨试着到户外运动一下，可以选择的方式有很多种，如散步、跑步、爬山等。让那些不快随着运动流下的汗水蒸发，让好心情重新回到自己的身边。

4.听音乐

听音乐是一种美的享受。优美的音乐对放松身心有积极影响。在闲暇时间，喝一杯咖啡，约一群伙伴，听一些自己喜爱的音乐，舒缓自己的情绪，让我们从繁忙的工作和生活中解脱出来，放松身心。

5.学会控制自己的愤怒

生活中我们难免会遇到一些令自己愤怒的情况，但是放任自己的怒火发泄出来，对自己没有任何帮助，也不会对解决事情有任何推动作用。所以，一定要学会控制自己愤怒的情绪，当你觉自己要爆发的时候，不要张口，待自己完全冷静下来之后再说话。这种做法对不让矛盾升级有积极的作用。不要图一时的痛快，生气发泄，否则最后留给自己的只有后悔。

当然，可以选择的控制愤怒的方式还有很多，可以以自己的兴趣爱好为基础，从外界吸引你的事物入手，如画画、读书、种花等。将自己的注意力转移到有意义的事情上去，尽量摆脱不良情绪的影响。

智慧寄语

很多女性总是很情绪化，可是，作为新时代的女性，只有成为自己情绪的主人，才能在人生的旅途中绽放属于自己的光芒。懂得管理自己情绪的女人，一般都是自控能力强的人。想要在人际交往中如鱼得水，就应该学会做自己情绪的主人，这是必不可少的。

生气就是惩罚自己

在面对生活中不顺的事情时，有的人选择生气，用愤怒摧毁自己的生活，让身边的人也深受其害，很可能让原本关系很好的人成为敌人。仁爱的耶稣曾经说过：“让我们爱自己的敌人。”也许你很费解，为什么要爱自己的敌人呢？其实，爱敌人就是爱自己。因为当我们选择用生气对待他人的时候，我们就已经伤害自己了，生气会影响我们的健康、睡眠质量、快乐等很多和我们关系密切的方面。当我们被生气折磨的时候，敌人不费一分心思就已将我们打败。生气就是在惩罚自己。

美国生理学家爱尔玛为研究生气与人们健康的关系，曾经就此问题做过一个实验：把一支玻璃试管插在有冰水的容器里，然后收集人们在不同情绪状态下的呼出的气体。结果发现，面对同一对象，当心情平和的时候，取其所呼出的气体化成水后，颜色透明，无杂质；而在悲伤时，有白色沉淀；悔恨时有淡绿色沉淀；生气时则有紫色沉淀。爱尔玛取人生气时所采集的“气水”注射到大白鼠体内，几分钟后，大白鼠死亡了。他进而分析认为，如果一个人生气10分钟，其所耗费的能量不比跑3000米所消耗的能量少；人生气时，很难保持心理平衡，这时体内还会分泌出带有毒素的物质，严重威胁身体健康。

脾气暴躁的人更容易猝死。美国心脏协会发行的《循环》杂志指出：暴躁易怒的人心脏病发作或是突然暴毙的概率比冷静、不易生气的人高两倍以上。

要做到不生气、少生气，就要有开阔的心胸，有宽容之心，不要对别人的小小错误耿耿于怀。其实，退一步海阔天空，退一步并不是退缩，并不是无原则地忍让，而是解决问题的有效方法，或许能化敌为友，或许会一笑泯恩仇，换得冰释前嫌，和谐相处。

我们要善于控制和调整自己的情绪，在有生气趋势的时候及时灭火。万不可把生气当作敢作敢为、直率的表现。总是生气不仅会伤害到他人，还会伤害自己，实在是没什么意义。

1.学会暂时排遣自己的烦恼

一般来说，人不会无缘无故地生气，大都是有一定原因的，再加上一时无法排解情绪，这样就可能加剧了情绪的恶化。这时候你可以试着转移自己的注意力，暂时排遣自己的烦恼。不管遇到多么不好的事情，你都不要念念不忘。为了摆脱不良的情绪，你可以把注意力转移到工作或者生活中亟待解决的事情上去，这样你哪里还有时间生气呢?

2.善于宣泄感情

我们应该学会宣泄自己的情感，不要让负面情绪积压在我们心中，最后威胁我们的身体健康。情感宣泄的方式有参加体育活动，和朋友谈心，听听音乐等，这些都能让我们心情豁然开朗。而抽烟、酗酒等不健康的发泄方式是十分不可取的。

3.学会原谅

布什曼博士说，即使你无法彻底地忘记这件恼人的事情，原谅激怒你的人也是抑制坏情绪的一个好办法。

生活中我们没必要把宝贵的时间浪费在与人争执上，为了一件小事而争吵。生活有许多有意义的事情等着我们去做。勇敢地承认自己的过错，原谅别人的过失，给对方一点宽容和理解，就会自然而然地消除怨恨和气愤，自然也就不会生气了。“原谅并不意味着让你去认为那些人对你所做的事是好的，而是意味着你不会再以此事去针对他们，并且不会再因为这些事情浪费掉你的时间和生命”。

智慧寄语

在生活中，有的人一遇到不顺心的事情就要发脾气。这不但不能解决问题，还会伤害双方的感情，使原本就不顺的事情雪上加霜。真正的智者懂得控制好自己的情绪，小处不生气，体现出一种优雅的气质，而在大处适当地生气，点到为止，绝不让气愤左右自己的工作和生活。生气是跟自己过不去，我们完全没有必要将时间浪费在这件没有意义的事情上。我们应该学着成为情绪的主人，有效地管理自己的情绪。

对自己笑一笑，发现更多的美好

现在，有很多人活得很累，过得很不快乐。其实，人只要生活在这个世界上，就会有很多烦恼。痛苦或是快乐，取决于你的内心。人不是战胜痛苦的强者，便是向痛苦屈服的弱者。再重的担子，笑着也是挑，哭着也是挑。再不顺的生活，微笑着撑过去了，就是胜利。

有很多烦恼和痛苦是很容易解决的，有些事只要你肯换种角度、换个心态，你就会有另外一番光景。所以，当我们遇到苦难挫折时，不妨把暂时的困难当作黎明前的黑暗。

只要以积极的心态去观察、去思考，就会发现，事实远没有想象中那样糟糕。换个角度去观察，世界会更美！

生活得快乐与否，完全由你自己决定。你的态度决定了你一生的高度。你觉得自己无法实现自己的梦想，那么你将注定与成功无缘。你相信靠自己的力量能改变自己的命运，那么你的人生将会是另外一番景象。心态决定我们的命运，播撒下不同心态，将收获不同的人生。不如学着对生活笑一笑，感受生命的美好。

1.每天对自己笑一笑

笑是生活中必不可少的调节剂和兴奋剂。用不同的态度面对生活，生活也会展现出不同的面貌。你有选择的权利，是哭还是笑，是积极还是消极。想要生活过得更加愉快，不妨学着每天对自己笑一笑，笑出一个新的开始，笑出一个好心情，笑出面对艰难的勇气，调节自己的情绪，让快乐与自己相伴。

2.笑着发现生活的美好

微笑是一种正能量。当你遇到挫折时，用微笑面对它，将艰难困苦当作成功的阶梯，把失败的经历当作成功路上的美丽风景，那些困难也不再那么可怕。当你遇到烦恼时，微笑面对，可以让自己的思想得到解脱，获得愉快的心情，发现生活中的美好与希望。每天对自己笑一笑，开始全新的一天，发现人生的一切都是美好的。这是健康心态的基础。

3.微笑面对生活中的快乐和苦难

我们成长的路上，总是伴随着欢声笑语和辛酸的泪水，总能感受到成功的喜悦和失败的沉痛打击。没有经历过失败的人生是不完整的，我们的身边总是会有这样那样的失意和磨难相随左右。不管我们遇到什么困难，我们都应该以平和的心态对待，用微笑面对生活，笑对人生。

4.笑对于身心健康十分重要

美国心理学家威福莱博士认为：“笑是一种化学刺激反应，它激发人体各个器官活动，尤其是激起大脑和内分泌的活动。”笑对人的心理健康是十分重要的。微笑是最简单的表情，却是人体健康长寿不可缺少的条件。笑不仅有助于神经系统的稳定和免疫力的增强，对人体健康也有积极作用。

当我们微笑的时候，身体内的所有器官都会产生连锁反应，并且收效极佳。笑这个动作，加速了我们呼吸的频率，从而使我们胸腔内的横膈膜得到充分的伸展，还能充分调动脖颈、腹部、脸部以及肩膀的肌肉的活动。与此同时，微笑时能摄入更多氧气，增加血液中的含氧量，从而加速疾病的痊愈，还对血管的伸张有促进作用。

智慧寄语

生活给了我们选择，是选择乐观还是悲观，是选择快乐地生活，还是让生活深陷黑暗。如果你觉得生活中的快乐越来越少，不妨试着对自己笑一笑。保持微笑，直面生活中的各种困难，总有一天能够冲破黑暗，重新获得快乐。

自言自语有助于身心健康

自言自语常见于很多精神病人身上，他们自说自话，有的喃喃自语，有的仿若和身边的人轻声诉说，有的声嘶力竭。很多人把自言自语当作精神病的一种标志，正是因为这种错误观念的存在，我们可能错过了一种健康的发泄方式——自言自语。

其实，很多正常人也会自言自语，单纯的自言自语并不是一种病态。从某种意义上说，这种做法反而对身心健康发展有促进作用。心理专家认为，自言自语能发泄出心中积压的负面情绪，有助于消除紧张的情绪，恢复心理平衡。当你情绪不佳的时候，不妨试着自言自语，它不仅可以拓宽思路，变换考虑问题的角度，还可以减少钻牛角尖的机会。

现代心理学家发现，自言自语是一种健康的解决精神压力的方法。一个人有心事可以跟伴侣、朋友、儿女说，也可以参加一些团体活动，多和人接触。若不想别人知道你的秘密，你可以对自己或对着镜子说说自己的心里话。

现代社会，女性所面临的压力越大，内心不得放松，将直接影响自己的工作和生活。想释放这种压力，不妨自言自语，宣泄出心中的情绪。

1.调节情绪

自言自语是一种宣泄情绪的有效方法。通过自言自语说出那些负面情绪，如痛苦、压抑、哀伤等，都能得到很好的宣泄。当我们心情不好的时候，可以试试自言自语，在自言自语中，将那些坏情绪说出来。这种做法不会妨碍到别人，也能让自己重拾快乐。

2.厘清头绪

当我们心中很乱，一时无法找到解决办法的时候，不妨试着说出来，哪怕只有你自己听，也有助于我们厘清头绪，找到解决问题的答案。因为语言反馈给大脑之后，会对脑神经产生刺激，促进思考。

3.自我安慰

自言自语还能起到自我安慰的作用。我们自己应该学会安慰自己，如果你都不试着安慰自己，谁还会来安慰你呢？自言自语能够抚慰我们受伤的心灵，让人感到轻松、惬意、有安全感。

4.自我暗示

自言自语还相当于一种自我承诺，其原理有些类似自我暗示。这就如同当我们心情不好的时候，假装自己心情很好，心情自然能好起来一样。因此，当我们深处逆境的时候，不妨多对自己说一些积极向上的、鼓励的、赞扬的话，使你的大脑接收到这一信息，从而利于心理健康。除此之外，自言自语和向别人倾诉相比，不会耽误别人的时间，更加不会引起他人的反感，你就是自己的听众，更不会有隐私泄露的风险。

智慧寄语

自言自语是一种合理的发泄方式，有助于我们的身心健康。通过自言自语，我们能够宣泄出自己内心的不良情绪，如压抑、悲伤、自卑等，还能有效消除紧张感。我们不妨从现在开始试着自言自语，感受它所蕴含的强大力量。

保持心态平静可以延年益寿

心灵的平静是智慧美丽的珍宝，它来自长期、耐心的自我控制。

如果你还没有找到治疗和根除病症的有效途径，如果你的健康状况无法令你满意，那么不妨试着保持内心的平静，让它促进你身体和心理的健康发展，延年益寿。反之，消极的心态会威胁我们身心的健康，缩短人的寿命。

生活中，如果能够做到不气愤，多运动，调整自己的情绪，保持愉快，才有平静的心态。少忧心、少担心、放宽心、多开心，就是平静心态的表现。人有了平静的良好心态，方能延年益寿、健康相随。

所谓镇定自若，就是平静心态的最佳境界。也许有人会问：“对于激烈的社会来说，我们忙着追寻自己的梦想，平静的心态又有什么意义呢？”其实，平静的心态有很重要的现实意义，健康正是源于平静的心态。心态并不是一成不变的，它与人的主观意识和外部客观条件密切相关。平静的心态，是靠人的长时间锻炼和培养形成的。平静的心态在关键时刻能帮助我们解决问题。

生命的本身是宁静的。只有内心不为外界因素所影响，不受事物变幻的干扰，才能如陶渊明般感受到身在闹市而无车马之喧的宁静，正所谓“心远地自偏”。心态平静的女人遇事，不失冷静，不患得患失，不失去理智，能全面了解自己所处的位置、所面临的现实，努力寻求解决之道，顺利解决问题。

心态的平静，是女人的一种仪态美、得体的举止、不俗的言谈等综合体现。一个女人如果有了心态平静的修养，她就能自由自在、无拘无束地生活。反之，她将会与痛苦为伴，有抑郁相随，整天情绪低落，活得很累。

保持平静的心态是一件非常快乐的事情，因为你不会因为一点小事而情绪低落。当你的内心能够保持平静，你就会感觉到你是自己世界的主宰，无论遇到何种困境，都将在平静中完美解决。

养生，必须先养心，要养出平静的心态，必须做到以下几点：

1.静坐

这是很多大人物采取的方式，静坐可以让我们静下心来仔细思考，让心情保持稳定的状态。静坐的方法很简单。放松身体，抛下所有的事情，让心灵放空，想象自己正处在与世隔绝的世外桃源，再也没有什么能影响我们，让心灵做一次彻底的放松。

2.暗示

心理暗示是指一个人接受外界或者自己的愿望、观念、情绪、态度影响的心理特点，是人们最常见的心理现象。很多时候，我们想要拥有内心的宁静，经常地暗示自己是一个关键的步骤。每天告诉自己“一定要保持内心的宁静”，或者写一些小字条随时提醒自己，让自己及时控制好情绪。在长久的心理暗示下，保持平静的心态也就成为一种习惯了。

3.自觉

每天记录一下自己的情感变化，甚至可以根据自己实际心情画出“心情起伏曲线图”，透过曲线图来分析是什么破坏了我们内心的平静，可就此方面强化训练。

4.养护心脏健康

有心脏方面疾病的人就很难保持平静心态，故一定要保护好自己的心脏。心脏健康，是人的心理平静的基础。心脏一旦出现什么警报信号，哪怕是一点小小的不适感，都不容忽视，一定要去医院做相关检查，若是需要药物治疗，要注意按时吃药。另外，我们还需要多了解一些关于心脏的知识，如心脏出现问题的紧急救护等。有的人对心脏缺乏全面的了解，遇到有人因心肌梗塞而突然昏倒，不能提供紧急的救护，其实，遇到这种状况，千万不可轻易挪动患者，否则可能引发患者死亡。

智慧寄语

不管外部环境如何改变，我们都应该做一个心态平和的女人，不论外面是阳光灿烂还是狂风暴雨，都能保持内心的平静。做一个心态平静的女人，不抱怨命运的不公，接受生活中所有的美好，做一个快乐、幸福的女人。

利用散步保持健康的体魄

在两千四百多年前，医学之父希波克拉底说：“阳光、空气、水和运动，是生命和健康的源泉。”在这里，他将运动的作用与水和空气相提并论，足可见其重要性。

运动对我们的影响是十分大的，其中散步就是一种不错的运动。散步的作用，绝不是羽毛球、保龄球、游泳可以比拟的。散步不仅能让人们呼吸到室外的新鲜空气，调节自己的情绪，陶冶自己的情操，更为重要的是能够活动筋骨，强健体魄，提高神经系统和心、肺的功能，促进身体的新陈代谢。若长期坚持，对健康将是十分有益的。在现代，散步是一种时尚的锻炼方式。

美国研究人员发现，若是人们坚持每周散步3次，每次散步时间维持在40分钟左右，能有效提高运动者的智力。适度地散步可以使大脑与各部分之间的联系增强，使与脑功能下降有关的衰老得以延缓，甚至会使逻辑思维得以提高。心理学家通过对脑部的扫描发现，经过一年的每周散步锻炼后，即使是之前不爱运动的人，其认知能力也会大大地提高。

在散步中还要注意，并不是所有人都适合饭后散步。很多人听过这个说法："饭后百步走，活到九十九。"对于一个健康的人来说如此做完全没问题，但是对于患某些疾病的人来说，这种运动就不太合适了。例如，患肝炎的人若选择在饭后散步，此时事物在胃内未被完全消化；肠胃功能不好的人，食物很快地进入肠道，不能被充分吸收，结果往往出现腹胀等症状；患有上述疾病或其他胃肠道疾病的人，应该选择在吃完饭半小时以后再运动。即使是健康的人，也应该休息10分钟以上再进行运动，不要吃完饭就剧烈运动，否则会对自身健康不利。

那么，散步具体有哪些作用呢？

1.发泄不良情绪

情绪是一种很难释放出来的能量，而有规律的散步是一种很好的发泄情绪的方式。当你感觉到压抑的时候，可以外出散散步，将自己不良的情绪发泄出来，从而使你的内心重归宁静。

同时，运动还能分散注意力，让我们的内心得到放松，使运动者体会到运动的快乐，而原本让自己情绪低落的人或者事就忽略了。

2.增强心肺功能

散步可促进心脏的收缩功能，使心跳速度加快，并加快血流速度。因此，散步能有效改善冠状动脉的血液循环，从而降低高血压、心肌梗死与心脏衰退的发生和发展概率。在户外，我们可以观赏着美丽的风景，通过吸入新鲜的空气，促进肺内有害物质的排出。同时，增加呼吸系统的代谢功能，可以有效预防气管、支气管等疾病。

3.减少肥胖

当我们吃完饭后，有的人立刻就坐了下来，这就是引起肥胖的一个原因，而饭后散步正好能有效解决这个问题。散步可加快肠胃的蠕动，有助于食物的消化，同时也能防止脂肪在体内堆积。对于肥胖的人来说，这是最简单、有效的锻炼方式。

身体肥胖的女性在散步时，应适当将双臂甩开，步伐尽量迈大些，散步的速度由慢到快，循序渐进，使自己全身的器官都投入到运动中，有效促进身体新陈代谢。

4.陶冶情操

散步能让我们呼吸到外面新鲜的空气，让大脑得以休息，不仅如此，散步还能活跃思维，陶冶情操。

智慧寄语

散步是一种最基本、最简单的运动方式，它不受年龄、性别、时间、地点等因素的限制，让我们随时随地都能达到锻炼身体的目的。散步之后，不仅能减少我们不良的情绪，还能令我们的思维更加清晰，让我们的身体更加轻盈、健康。从现在开始，散步吧！

第13章 给压力一个出口，女人别让自己活得太累

人生匆匆，时光一去不复返。不要为各种烦琐的事物所烦恼，让自己活得太累，应该抛下重担，善待自己，让自己活得更轻松。人生是自己的，心情也是自己的，不要让自己背上沉重的负担。善待自己，给压力一个出口。

善待自己，活得更轻松

面对激烈的竞争环境、紧张的生活节奏和复杂的人际关系，作为女人，首先要学会的就是善待自己。

女人，只有学会善待自己，生活才会更加丰富多彩；女人，只有学会善待自己，生活才会多些快乐、少些烦恼；女人，只有学会善待自己，才能体味到百味人生。善待他人，善待自己，获得轻松，生活中有很多往日被忽略的幸福等着我们去发现。

如果工作和生活的压力让你觉得不堪重负，你可以给自己安排一些休息的时间，着手去做自己喜欢的事情。若是目前没有时间安排，你可以想象一下那些曾经看过、经历过的美好，如高山、流水、那些令自己感动的瞬间等，以达到放松精神，轻松生活的目的。

放松有助于减轻压力，带给你安详平和的心境。抛开烦恼，让自己全身心放松，将自己从压力的包围中解救出来，让自己获得内心的宁静，放松一下，你的生活将会有很大改变。

弗兰克林曾经说过："当你善待别人的时候，你就是在善待自己。"所以，从现在起，女人要学会善待自己，掌握好自己的人生。在爱情婚姻中，留一份信任与清醒；在职场中，留一些执着与坚持；在浮躁的社会里，给内心留一些宁静。只有如此，女人的人生才会精彩。

1.善待自己，让自己快乐一些

当你情绪不佳的时候，可以选择适合的发泄方式，如尖叫、转移注意力、忙碌起来等，善待自己，自己获得快乐才是最重要的，快乐一直在我们的内心。

想发脾气的时候，回想一下那些令你开心的事情，眼前的困境没什么大不了，一切终将过去。抛掉过去，忘掉那些令你不快乐的人和事，把握现在，让自己快乐一些。

2.善待自己，充实自己

时代在前进，社会也在不断进步。生活在这个经济高速发展的时代，我们想要不被社会抛弃，就需要不断充实自己。一个只注重自己外表，而忽略自己内在的人，很容易给人华而不实的感觉。善待自己的女人会不断学习，不断充实自己，提升自己的道德修养，不断超越自我，获得成功，让人生没有遗憾。

3.善待自己，充满自信

古龙曾说：“自信是女人最好的装饰品。一个没有信心，没有希望的女人，就算她长得不难看，也绝不会有那令人心动的吸引力。”自信对女人是十分重要的。自信不是自以为是，是相信自己的能力，是内心深处的一种力量。充满自信，不能骄傲自大；充满自信，不畏艰险，勇敢前行。女人要善待自己，要充满自信，相信能够依靠自己的力量到达成功的彼岸。

4.善待自己，善待自己的身体

当你拥有健康的时候，也许无法感受到它的重要性，但当它一旦远离了我们，我们就会发现我们失去了多么珍贵的东西，到那时一切已经无法挽回了。不要等到你的身体已经亮红灯了，才去关注健康保健；不要等到身体严重超重了，才开始关注减肥；不要等失去了健康，才想方设法去弥补。与其亡羊补牢，不如从现在开始学会善待自己，善待自己的身体，培养良好的生活习惯，多参加体育运动，保证充足的睡眠。

智慧寄语

聪明的女人懂得善待自己，会享受生活，享受作为女人的幸福。当我们在这个忙碌焦躁的时代面对各种压力的时候，一定要呵护好自身，让美丽无限延续。

给“活得累”开个新药方

现代社会中，竞争激烈，人际关系复杂，如果人们不注意调节自己，就很容易感到身心俱疲，即人们常说的“活得累”。

从现代心理学的观点来看，有“活得累”这种想法的人，都是心理因素引起的，也就是他们的心理失去平衡或发生了障碍。俗话说：“心病还须心药医。”只有对准原因找到解决的办法，才能让自己走出“活得累”的生活，获得健康、快乐的人生。

心累与身累的最大不同是，身体累的人，往往能拥有很好的睡眠质量，一旦陷入沉睡，什么都无法影响到熟睡的人。这时的睡眠能有效缓解身体的疲劳，让人们恢复精力。而心累的人，常常思考一些不会发生的事情，还很可能有失眠的困扰，好不容易入睡后，却很容易被吵醒，无法保证睡眠质量，睡醒之后，整个人很可能感觉更加疲劳了。

那么什么原因能引起人累的感觉呢？主要有以下几点：

1.有才华无处施展

有一种人天生清高孤傲，坚持自己的梦想，虽很有才华，但没有人赏识，没有施展才华的舞台，致使其抱怨连天。古人就曾发出“龙卧浅滩遭虾戏，虎落平原被犬欺；得志蠢猪充大象，落魄凤凰不如鸡”的慨叹。

2.太看重自己

不把自己看得太重，是一种修养、一种风度，也是一种人生境界、一种为人处世的智慧，更是心态上的成熟和一种淡泊的生活态度。

太看重自己，难免会受他人想法的影响；太看重自己，难免会因在乎他人的想法而失去自我；太看重自己，人生因此多了许多不必要的烦恼。

别太看重自己，很多时候，是我们把自己想象得过于重要了。

3.太在乎别人的看法

人生短短几十年，在你的生活里你是唯一的主角，我们不是活在他人的眼中。人生是自己的，你能完全依赖的只有你自己。为了更快乐、幸福地生活，我们应该不要过分在乎别人的想法，不要总是迎合别人的想法，最后迷失自我。若你太在乎别人的看法，盲目追求一些自己不喜欢的东西，只会让自己陷入迷茫中，只会让自己感觉生活越来越痛苦。

勇敢坚持自己，不去在乎别人的眼光，别人努力追求的，也许并不是你内心真正期待的，当你追寻到所谓的目标，也不会感到幸福。勇敢做自己，坚持自己的想法，追寻自己的梦想，就算会遇到重重险阻，也能感到快乐，不会活得太累。

智慧寄语

每个人的思想以及思维方式决定了他的现状和未来。时光不断流逝，时间永远不会为某个人驻留。每个有理想的人，都不愿意自己最后一事无成，而是期望在人生有限的岁月中尽自己的力量来实现自己的人生梦想，所以他们每天都在不断追求。追求事业的成功，追求美满的婚姻，追求梦想。若是你在不断追逐中，身心俱疲，不如学会停下来，仔细思考接下来该如何做，让自己的精神放松，获得更多快乐。

缓解压力，收获快乐

在这个经济高速发展的今天，每个人都面临着巨大的压力。为了更好地工作和生活，每个人都在忙忙碌碌，不自觉地武装起身心，整个人都处在很紧绷的状态，因而内心产生巨大的压力。

紧张的工作、生活、学习和人际交往等形成的各种压力，让你避无可避。每个人都会受到压力的影响，常常听到身边的人抱怨自己压力过大、活得太累。人确实很累，每天都在不断奋斗，为父母、为子女、爱人……这种心理上的累，比身体上的累更让人难以承受，也很难得到彻底的解脱。

如果一个人长期处在过大的压力下，这时的压力将会威胁人们的身体健康，很可能引发心脏功能减弱、手脚麻痹、头痛、失眠、呼吸困难等多种疾病。只有给自己减减压，把压力控制在可承受范围之内，其对我们的积极影响力才最大。

当一个人压力过大的时候，就如同在他身上加上了许多沉重的负担，阻碍了他前进的步伐。有时让我们寸步难行，还可能产生失望、压抑、不安等情绪。但是若没有压力的话，人也会变得没有激情，从而缺少前进的动力。当然，我们并不能完全消除压力，而是将压力控制在可承受的范围内，这时的压力是激发我们向上的动力，它让我们的生活更加丰富多彩。

为什么要这样折磨自己，希望获得别人的赞赏？希望自己在某些方面比别人表现突出？……事实上，正是这些让我们倍感压力。压力是不可避免的，因此，我们要学会缓解压力，不妨学着给自己的压力找一个出口，让自己更轻松地生活。

1.消除压力源

想要缓解压力，首先要做的就是找到压力的源头。仔细回想一下，生活中是什么原因让你感到压力，是什么人、什么事情让你感觉压力重重。做一个排序，罗列出前几位的因素，看看哪些事情是可以解决的，解决它们，不让它影响我们的生活。对于那些不可避免的，寻找一些方法减轻它对我们的不良影响。若是工作任务过重造成的，不妨学着合理安排自己的工作时间，分清事情的主次，先完成重要的工作，次要的事情放到后面完成，提高工作效率。

2.及时宣泄不满情绪，保持轻松愉悦

在我们日常的生活和工作中，我们会遇到各种各样的挫折，情绪难免会产生波动，甚至易产生不良情绪。如果不合理发泄这些负面情绪，将它们深深埋藏在内心深处，当这些情绪积累到一定程度的时候，就会彻底爆发，造成不好的影响。所以，我们应该学会通过正当的方式来发泄自己内心的不良情绪，进而缓解心里的压力。

情绪宣泄的方式有很多种，如参加体育运动、读书、适当哭泣发泄等，当然要注意发泄方式的合理性，不要伤害到身边的人。有些发泄方式是不可取的，如摔东西、大声吼叫、迁怒无辜的人、发牢骚等都不是明智的选择。我们应该采用文明高雅又富有人情味的方式，这样才能达到好的效果，使我们身心愉悦。相反，如果采用不当的方式的话，就会产生不好的影响，事后留下的只剩悔恨，不仅不能缓解自己的压力，还会产生新的心理压力。

3.转移注意力

当某个地方让自己感觉过度压抑的时候，不妨换个环境，将自己的目光转移到其他地方，如多安排一些娱乐活动，丰富多彩的闲暇活动可以使挫折感转移方向，使我们走出负面情绪的影响，重新获得快乐。

不要让那些压力压抑自己的内心，你可以向朋友、同学或家人倾诉，获得他们的情感支持，这样就可以让我们的心情没有那么压抑，放松身心，减轻自己的负担，轻松前行。

智慧
寄语

面对工作和生活中的压力，女人难免有压力过大的时候，不妨给压力找个释放的出口，让自己轻松面对未来。别让自己活得太累，懂得宣泄自己的压力，保持心情舒畅。只有如此，我们才不会让压力越积越多，不被压力击垮。

克服紧张情绪，学会放松自己

生活节奏太快，我们很多时候都处于高度紧张的状态，不敢放松，害怕稍一松弛，会被别人超越。但一味地过度紧张不但于事无补，反而容易使人在紧张的状态下失去冷静的判断。

精神紧张可分为三种，分别是弱的、适度的和过度的紧张。

适度的精神紧张，有利于人们解决问题，但是，过度紧张的情绪则对解决问题不利。从生理学的角度看，人若长期处在高度的紧张情绪中，很容易急躁、情绪波动大、激动，甚至还可能导致大脑神经功能紊乱，有损于身体健康。

因此，我们要克服紧张的心理，设法把自己从紧张的情绪中解脱出来。下面介绍几点帮你摆脱紧张：

1.对别人要宽容

有些人对他人期望过高，当无法达到自己的期望时，便感到失望、失落。切记不要过分苛求他人，应全面了解，发现对方的闪光点，并从别人的身上学习他的优点，并将其发扬光大。

2.降低对自己的要求

一个人如果十分争强好胜，过分苛求自己，事事追求完美，事事都要争先，自然就会经常感到十分紧张，有紧迫感。如果以自己的实力情况为制定目标的基础，适当调节一下对自己的要求，凡事从长远角度考虑，不过分计较得失，有主见，支持自己，自然就会使心境轻松一些。

3.加强实践训练

紧张者最重要的原因是缺乏成功的沟通感受，需要加强实践训练，在实践中逐渐消除紧张感。要想实现这一目标，就要多进行交流，在交流中纠正自己的歪曲判断。

只要我们抓住每一次练习的机会，并下意识地为自己创造锻炼的机会，那么，紧张感也就消除了。

智慧寄语

生活中，若我们能够做到张弛有度，就能有效减轻紧张对我们造成的不良影响。这是一门科学，也是生活的艺术。

尖叫可以释放压力

随着社会的快速发展，生活节奏明显加快，人们的压力越来越大。压力是一把“双刃剑”，适当的压力是我们成功的助力，但是，若压力超出一定范围，就会成为威胁我们健康的因素，甚至还会引发疾病，影响我们在人生的舞台上施展自己的才能。

压力其实是一个信号灯，当压力出现的时候，我们就应该重新审视一下自己，思考一下是否调整一些东西。积极地发泄，释放出压力，化压力为动力。

其实，尖叫就可以释放压力。尖叫在很多人的印象中都是一种疯狂的行为，有时尖叫能令人产生胆战心惊之感。若是你想通过尖叫释放自己的压力，一定要记得不要影响到他人。

许多心理治疗师认为：一切形态的不快乐都起源于情绪得不到表达。他们主张，人们应该将自己的情绪表达出来，尽情释放，不要作任何迟疑和保留，这样，人的内心会重获宁静，不再受情绪的左右。你可能注意到，当你情绪不佳的时候，大哭一场，放声尖叫后，你的不良情绪也就消失了。

在你心情不好的时候，尖叫是很好的发泄方式，你需要给自己的压力找一个出口。此事看起来复杂，其实做起来十分简单。想出令你不高兴的人或者事，对着墙壁，可以试着喊："啊，烦透了！"当你失望的时候，可以大喊："这次一定成功！"

尖叫能让人重新获得快乐。如果感到胃中灼热或背上疼痛，就尖叫出声；如果感到颈部僵硬或胸腔紧收，尽情尖叫。直到你的情绪发泄完了后，静静体味一下解脱压抑情绪的滋味。在日常生活中，要发泄你的情绪，就要培养这种解脱感，这就是快乐之道。

那么，还有哪些发泄方式呢？

1.把不好的情绪讲出来

我们会发现身边有这样的人，他们天天抱怨，抱怨工作累，抱怨生活累，抱怨过后他们过得十分快乐，好似忘了自己之前的不愉快。其实，他们就是把不好的情绪讲出来，然后那些影响他们的人和事情就被他们抛弃了，他们自然过得十分开心了。

2.把不好的情绪哭出来

哭是一种很好的表达情绪以及发泄情绪的方式，哭还是调整机体平衡的方式。哭能够使人们将心中的不良情绪发泄出来，从而有效减轻心理负担，让我们心情放松。这也就是为什么当我们痛哭一场后，压抑的情绪能得到缓解。

不仅如此，适当地哭泣还有益身体健康。哭泣过程中产生的眼泪里含有能引起高血压、心率过快以及消化不良的化学元素，这些化学元素随着眼泪排出体外，对我们的身体少了威胁，十分有利于我们的身体健康。

3.用运动的方式把不好的情绪发泄出来

当我们遭受挫折、遇到不顺的事情时，可以通过运动把不良的情绪发泄出来。当一个人在运动的时候，血液循环及消化系统的新陈代谢速度会加快，使大脑得到充分的氧气和营养物质，使大脑皮层得以恢复平静，从而让我们重新快乐起来。另外，运动可以使精神高度集中，对控制精神紧张和心理失调有积极影响，有利于消除紧张感和压抑的情绪。

智慧寄语

把压力从我们的生活中驱逐出去是不可能的，压力总是无处不在。适当的压力是我们前进的动力，当压力过多的时候，我们需要学会随时随地给自己减轻压力，抛下那些沉重的负担，轻松面对人生。

常给心灵做“按摩”

人都是有情绪周期的，每个人都会在某些时候出现情绪问题，如果不能及时清理，就会引发很多心理方面的问题。定期对自己的情绪进行大扫除，让自己时刻保持最佳的精神状态，以更好的精神面貌出现在各种场合，这对于追求成功和幸福的女人来说，非常重要。

很多女人忙于工作和生活，从不给自己放松的机会，即使有不良的情绪也不知道发泄与自我调节。长此以往，最终发展成心理疾病，让自己陷入困境，让工作和生活陷入一团糟的状况中。

威廉·费德曾说：“舒畅的心情是自己给予的，不要天真地去奢望别人的赏赐。舒畅的心情是自己创造的，不要可怜地乞求别人的施舍。”换句话说就是，我们是否快乐完全由我们自己决定。学会给心灵“按摩”吧！

1.倾诉

每个人都希望自己过得幸福、快乐，但在生活中总有一些不顺的事情出现，与其闷头胡思乱想，不如倾诉出来。当你把痛苦说给别人听，你的痛苦也就减少了一半。若是我们能及时向亲人或者信任的朋友倾诉，不仅可以获得别人的理解与支持，还能使自己受挫的心灵得到安抚与慰藉。

2.运动

运动的好处有很多，科学的运动对健康十分有益。运动可选择跑步、游泳、健步走等，根据自己的兴趣爱好，选择适合自己的运动方式。学会享受生活，适度放松，才能拥有健康的身心。

3.不要一味地向生活索取

有些欲望可以克制甚至放弃，有些争吵可以退一步，有些不合理的目标我们可以放手。人们不快乐、不淡定的原因，往往是有太多的奢求，却忘了自己内心的需求。因此，我们不要因一味地向生活索取而忽略自己的内心。

智慧寄语

在人的一生中，我们总是遇到各种各样的挫折，也有许多美好的风景。当我们经历的事情越来越多，心灵便会沾染上尘埃，原本纯洁的心灵受到污染和蒙蔽。想要清除这些蒙在心灵上的尘埃，并不是一件容易的事情，它需要我们有战胜困难的勇气和毅力。当我们能实时清理蒙在心灵上的灰尘，我们必定能够迎来成功。

第14章 畅快呼吸，女人要追求心灵的自由奔放

所有的事情都发生在当下，无论是过去还是未来，都是由当下来主导。如果你忽视了当下的力量，那么你就忽视了生命和生活的意义，那么无论你的生活多么充满想象，多么充满希望，这一切对你来说都是虚无的，因为你忽视了灵魂的自由奔放。

旅游，是一场心灵的远行

现代社会，女性面临着工作和生活的双重压力，人也会感觉越来越不堪重负，有时还会迷失自己。此时，即使有再多的金钱也很难让人快乐起来，甚至会恐惧，找不到归属感。不如给心灵一个放松的机会，来场心灵的旅行，让你的心快乐飞翔。

旅行似乎总是有一种神奇的魔力，当我们找不到前行的方向，迷失了自己，或者情绪低落的时候，我们总能通过旅行重新找到前进的力量。对于女性来说，她们的情感总是细腻的，通过一次旅行，通过旅行中的经历，让自己开始思考从来不曾想过的问题，丢掉那些让自己烦恼的事情，让心灵得到放松，建构起一个更加细腻丰富的内心世界，让身与心都能享受到这次旅行。我们不仅能在旅行中重新找回自己，还能明白人生的真谛，更能让我们清楚知道自己今后的路该如何走下去。

旅行，是一个放大镜，可以让你在一个小小的世界中遇见大大的自己；旅游，是一架望远镜，让你看见你不曾遇见的美景；旅游，是一个记忆存储器，它将这些美好的瞬间都留在你的脑海里；旅游，是一场心灵的远行，让你遇见一个从未遇见过的自己。

一次旅行，是一次放逐自己心灵的过程，让心灵与大自然融为一体，感受大自然的美好。再思考一下世间一切的欲望和烦恼，你会发现它们是如此不值一提。只有将那些沉重的负担都放下，你才能让自己身心得到真正的放松。要相信，大自然就是有如此强大的能力，能够抚慰我们受伤的心灵。要相信爱自然的女人心里必定理智，目光长远。她们在高山流水、花开花落间敞开心胸，让心灵与大自然交流。这样的女人知道有些自然规律是无法靠外力改变的，没有悲伤与痛苦的纠缠，自然就能感受到生命的美好。

旅游可以帮你减轻压力，达到彻底放松、忘掉烦恼的效果，与大自然亲密接触，才能让女人真正解脱。

1.外出旅游让心灵更充实

在现代社会中，女人面临的压力越来越大，不仅有工作中的还有生活中的，在女性的地位越来越高的同时，精神也在经受严峻的考验。

而外出旅游，就能让女人抛下这些烦恼，让心灵更加充实，生活更加快乐。我们不妨试着放下手里的工作，找个时间，去外面旅游去吧，远离城市嘈杂的声音，繁忙的工作，扔掉心中的压抑与烦恼，让心灵更加自由，让心快乐飞翔！

2.旅行是女人减少压力的方法

很多女人经常在工作中不断追求，不眠不休、兢兢业业，只为了自己在某些方面有所成就。而在家庭中，女人还要承担家务的重担，整天为柴米油盐、家庭琐事等烦恼。长此以往，很可能危害女性的身心健康，甚至患上抑郁症。这时，女性可以通过外出旅游来调节一下自己的心情。

出去旅游，转换了环境，远离了让我们烦恼的源头，也想不到那些让你忧郁和烦躁的事情，眼前只有美丽的风景。将自己融入环境之中，那种超脱红尘与世俗的境界，才是远离压力的最好办法。

3.旅行使人贴近自然、净化心灵

繁忙的生活，是否让你对工作失去了热情，感到茫然无措，感觉身心疲惫呢？怎样才能摆脱这种情绪，保持良好的心态呢？

良好的心态是快乐的秘诀，心理学家告诫：在处理事情前你需要处理好你的心情，不要带着情绪去工作和生活。有时，不良的情绪会让我们错失成功的机会。我们应该让自己保持良好的心态，外出旅游就是最好的选择。当完成了工作和各种家务，我们应该给自己安排一些休息的时间，多参加一些体育锻炼，多读一些书，多培养一些兴趣爱好。在时间允许的情况下，你还可以外出旅游，让自己远离那些让人烦恼的人和事。

在旅行当中，很自然地就将自己融入大自然中，我们沉浸在大自然的美丽而无法自拔，远离了让我们烦恼的场所，心情自然能够好起来。古人面对大自然的美景，书写了多少流传千古的名句，“行到水尽处，坐看云起时”“相看两不厌，唯有敬亭山”……在大自然的美景面前我们是多么的渺小，而大自然的力量是多么的伟大，那种自由自在，那种超脱，与世无争，自然会让经常情绪低落的女人走出忧虑的世界，让她们抛却烦恼，获得内心的快乐。

智慧
寄语

在旅途中减轻压力，充实心灵。从旅途中获得内心的快乐，才是真正的旅游。这种快乐，不是简单的感官之乐，而是打动心灵的真正快乐。有谁不渴望获得真正的快乐，有谁不想自己从繁忙的工作中解脱出来呢？让我们开始吧，旅游让你的心快乐飞翔！

要自由，才能幸福

修昔底德曾说过：“要自由，才能有幸福；要勇敢，才能有自由。”匈牙

利诗人裴多菲在他的《自由与爱情》这首诗里这样写道：“生命诚可贵，爱情价更高；若为自由故，两者皆可抛！”从这些作品中，我们可以看出自由的重要性。到底什么才是真正的自由呢？在现实生活中，所谓的自由，其实就是一种无拘无束、自由自在的生活状态。

自由自在地享受生活，当我们有了足够的物质基础后，就应该多一些精神层面的追求，少一些物质上的烦恼；多一分理解，少一分抱怨；多一些宽容，少一些怨恨；多一些理智，少一些冲动。只有如此，才能让我们的内心更加自由。让生活更加丰富多彩。自由自在的生活，你可以享受到生活的美好，享受到朋友给予我们的温暖，享受到内心的快乐，感悟生命的真谛。

1.做自己情绪的主人

生命的价值往往取决于自己的心态，而一个人的情绪将取决于他的心，这就是所谓的“情绪由心生”。被情绪左右的人会成为情绪的奴隶，从某种意义上讲，能够有效控制自己情绪的人才能主宰自己的命运。

调节好自己的情绪，永远保持好心情，可以让我们享受更加轻松、自由的生活。人活在世上总会遇到各种各样的事情，或忧或喜。当我们在生活中出现不良情绪时，如果我们能够通过自己的行动，及时调整好自己的情绪，那么我们就能更好地掌握自己的命运，获得更简单快乐的人生。

2.找到适合自己的生活方式

现代社会里，激烈的竞争环境和复杂的人际关系都给人们的内心增加了很多沉重的负担，使人们很难获得快乐。人们总是想要找到快乐的踪迹，其实快乐一直在我们的内心，从来不曾离去，若是不从自身来找，那么也就很难找到快乐的真谛了。

每个人的人生都不可能是一帆风顺的，多少都要受到一些外来条件的束缚。但是，外来的束缚都可以靠我们的内心化解，关键在于你是否能找到适合自己的生活方式。

3.自由自在地生活，不忽略生活的美好

有时忙碌会让我们忽略了生活中的美好。没有人愿意整天忙忙碌碌，但是不忙碌就感觉空虚，就怕自己和社会脱节，会在激烈的竞争中被淘汰。

不如选择一种自由的生活方式，放缓前进的脚步，静心思考，是整天沉浸在无尽的追逐目标中呢，还是选择自由自在地度过每一天，体味生活的百般滋味呢？人生的旅途中，追逐的目的不仅是实现目标，还有追逐梦想的经历，它们就如同路上美丽的风景，给我们美的享受。自由自在地生活，你将收获更多意外的惊喜。

智慧寄语

不自在是因为不懂得生活的真谛，那些外在的烦恼和世间的压力都是我们强加给自己的，人就该自由自在地生活，如水中的鱼儿般无拘无束。自由自在的人生，才是真正的生活。遇事时有随性、随遇、随缘的心态，就不至于患得患失。拥有自信与从容才能让我们不沉浸在昨日的伤痛，有重新开始的勇气。

做做“白日梦”也是种美好体验

你是否会在忙碌的工作后，听着舒缓的音乐，想象着自己在海边奔跑？或者，在浪漫的餐厅中和自己暗恋的对象共进晚餐？或者，想一想自己功成名就了，要做什么？……其实，这就是所谓的白日梦，而白日梦总有一种神奇的力量，它不知不觉间改变了我们的生活。

在心理学家看来，白日梦就是人在清醒状态下出现的带有幻想情节的心理活动。美国达特茅斯学院一项研究显示，当研究对象做白日梦时，他们的脑部看似“正在休息”，但实际上它并未停止活动。

有的人认为做白日梦是浪费时间的行为，但心理学家并不赞同这个观点。科学研究表示，人们的精神活动有一半时间会花在白日梦上，它对我们实现自己的目标有积极的推动作用，帮助我们了解自己内心深处的真实想法，如希望、恐惧等。“这听上去似乎自相矛盾，但白日梦的确能使我们的生活安排有序”，明尼苏达大学心理学教授埃里克·克林格（Eric Klinger）说，“人们都以为白日梦是胡思乱想，杂乱无章。但实际上，它的作用之一就是提前规划我们的生活，提醒我们将要发生的事，帮助我们熟悉新的环境，给未来做计划，审视过去的经验，让人们从中学到有益的东西。”

除此之外，白日梦有什么意义呢？

1.培养人的想象力和创造力

白日梦对人们培养想象力和创造力十分有益。19世纪，德国著名气象学家魏格纳在病中看世界轮廓图，就此陷入白日梦，以前他一直想不明白的问题，在他的想象中也有了模糊的答案。他就此提出了世界大陆原是一个整体，后来产生漂移，所以美洲和欧洲、非洲大陆轮廓才可以如此吻合的观点。

美国明尼苏达大学心理学家朴克杰说，白日梦的题材多属个人关心的切身事情，由于脑筋不受传统思维形式的束缚，问题经过深思熟虑，而答案则反复推敲，往往会激发出自己意想不到而觉得欣喜的解决方案。另一位心理学家比利保飞顿博士指出：白日梦虽然是虚幻的遐想，但对人的精神心理有积极作用。人们每天从事刻板枯燥的工作，需要暂时从乏味的现实中游离出来，徜徉于白日梦境中，使自己得以放松，有助于消除生活与工作中的不悦。

2.有利于身心放松

白日梦对左右脑平衡使用有积极作用，对人的机体健康有益，对免疫系统的生化物质有积极的促进作用。白日梦让大脑的左侧从语言活动中解脱并处于休息状态，让右脑充分发挥其直观的形象思维能力，从而消除使善于语言思维和用右手劳作者容易发生的左脑的疲惫感。

3.白日梦是一种情感宣泄

白日梦其实是对自我情绪的一种宣泄和释放，是一种自我的体验和满足。当你情绪紧张的时候，白日梦能让你精神放松、情绪舒缓。当你情绪不佳的时候，白日梦能让你发泄出不良的情绪，重新快乐起来。还有些人通过重温那些能给他们带来安全感和愉悦感的白日梦，让自己从不愿面对的现实中解脱出来。当然，如果过于沉迷在消极的白日梦中，对解决情绪问题反而不利。

智慧寄语

世界闻名的哈佛大学的心理学家威廉·詹姆斯教授估算，被我们开发、利用的智慧只占全部智慧的百分之十左右。人的潜能是无限的，就如掩藏在海底的冰山一样，露出海面的只是很少的一部分，不亲自去探索你永远不会知道深藏海底的冰山有多么壮观。那些隐藏的力量，都等着我们主动去激发。如果你不主动去挖掘它，就不知道它蕴含着多大的力量。而打开这些宝藏的钥匙，就是“白日梦”。

兴趣爱好丰富了我们的生活

有一位著名作家曾说过：“任何一种兴趣都包含着天性中有倾向性的呼声，也许还包含着一种处在原始状态中的天才的闪光。”拥有广泛兴趣爱好的人才是真正懂得生活的人。

丰富的兴趣爱好能为我们打开新世界的大门，开拓我们的眼界。在每天的闲暇时间，远离了工作，享受一下自由时光，做一些自己感兴趣的事情，放松一下身心，恢复一下精力。当自己沉浸在自己感兴趣的事情中的时候，可以让自己的脚步放缓，与工作中的快节奏不同，在此刻，远离了那些工作上的压力，给了我们思考的时间，让我们品味生活。

一个有自己兴趣爱好的女人，一定是有自己的空间，她的世界不再局限于孩子和老公以及种种琐事中，她的生活是充实的，她的生活是充满诗意的。

一个拥有自己兴趣爱好的女人绝不是一个古板的女人，她热情而又优雅，富有活力而又健康。当她沉浸在自己的爱好中时，她就是最美的。遨游在书海时，她是端庄、优雅的；挥洒汗水的时候，她是充满活力的；观赏美景时，她是悠然自得的美。她是一个充满魅力的人，她的美又无处不在。

其实，你也可以如此，有丰富的兴趣爱好，享受生活的美好。你可以培养的兴趣有很多，例如：

1.听音乐

音乐能以动感的声音表现出情感。它能慰藉我们的心灵，让整日忙碌的我们放松下来，享受美妙的音符。在音乐中，我们的不良情绪能得到宣泄，让我们浮躁的内心获得平静。它所蕴含的宁静致远、清淡平和，可以使终日奔忙、身心俱疲的人得到彻底的放松。身处现代都市中的人，一定要懂一点音乐。在音乐的世界中，驱散那些萦绕在我们心头的烦琐、不顺心，抚慰受伤心灵。那些因为不顺心而产生的负面情绪也在音乐中得到宣泄，它还可以让你浮躁的内心恢复平静。

2.运动

日常生活中，我们应该多做一些体育运动，不仅对自己的健康有益，还是一种调节，能从中获得快乐。积极的运动可以激发人积极的情感和思维，从而抵制那些负面情绪。此外，运动能促进大脑分泌一种化学物质——内啡肽。内啡肽可以帮助我们缓解抑郁、焦虑以及其他负面情绪，通过改善体能，让自己获得更多快乐。

3.阅读

根据自己的兴趣，选择适合自己的图书，读书让我们走进另一个世界。读书能让我们忘了那些烦恼，获得心灵的宁静，收获快乐。

4.做有意义的事情

做有意义的事情能够帮你获得内心真正的快乐。做有意义的事情，你的内心会得到安慰，感到踏实；别人做出反应，自己得到鼓励，心情也会愉快。从自己做起，从此刻开始，善待他人，学会关心身边的人，这样才会获得身边的人的赞赏，才会有更多的朋友。在别人需要帮助之时，及时出现，伸出援手，为他人尽一份力，也许只是几句支持、鼓励的话语，也是一份善意。这就是最好的相处方式，你不可能去爱每一个人，但应尽量和身边的每一个人友好相处。

智慧寄语

那些兴趣爱好丰富了我们的生活，充实了内心世界。若是将自己的兴趣爱好和工作相结合，那么将赢得更加丰富多彩、快乐的人生。从自己感兴趣的事情入手，投入你的时间，这样每一天都是全新的，都有惊喜相伴。

别让忧虑毁了我们现在幸福的生活

人生并不是一帆风顺的，遇到失败和挫折等不好的事情也是正常现象，面对这些考验，你不必怨天尤人，更不要失去奋斗下去的勇气，不要陷入忧虑的陷阱中，甚至就此消沉。那么，什么是忧虑呢？

忧虑是一种过度忧伤或者伤感的情绪体验，每个人都曾有过忧虑的情绪，有的时候只是我们不知不觉间将自己面前的困难放大了，其实问题本身并没有那么可怕，我们所忧虑的事情很多时候也不会发生。所以，何必让自己陷入低落的情绪，陷入患得患失中呢！

忧虑在情绪上表现为强烈而持久的悲伤，觉得情绪不佳和低落，并伴随着焦虑、烦躁及易激怒等反应。当负面情绪开始左右我们的生活，我们整个人会变得十分消极，对事情没什么热情，也没什么兴趣，觉得生活也没什么意义。忧虑还会影响我们与他人的交往、我们的工作、我们的生活、我们的情绪等，严重的还可能引发自杀行为。

不仅如此，忧虑严重危害我们的身体健康，会加速身体的老化，还能隐藏我们的快乐。所以，我们应该尽快摆脱忧虑的困扰，过幸福、快乐的生活！

那么，该如何改掉忧虑的习惯呢？

1.要有积极的心态

消极的生活态度是产生忧虑的内在原因，想要解决忧虑的问题首先就要消除这种心态的干扰，培养积极、乐观的心态。实现这一目标有许多的途径，如读一些乐观积极、引人向上的书籍就是不错的选择；还有可以试着多交一些朋友，拓展自己的交际圈，在朋友的影响下逐渐走出消极的阴影；我们还可以多做一些体育锻炼，强健自己的体魄，让那些不良的情绪在运动中消失殆尽，让阳光重新照耀到我们的心田，重新找到积极向上的自己。

2.让自己忙碌起来

曾经获得诺贝尔生理学和医学奖的亚历克西斯·卡锐尔博士说：“不知道抗拒忧虑的人都会短命而死。”忧虑束缚着我们的心灵，阻碍我们的前行，让前进也变成了一件困难的事情，有时你自己身处忧虑中，而不自知。忧虑者宛若置身于一个孤独的城堡，他出不来，别人也进不去。当感觉自己有忧虑情绪的时候，不妨试着让自己忙碌起来，让血流加速，让有意义的事情将忧虑的情绪带走，让生活充满阳光，不再有忧虑的困扰。让自己忙碌起来，是治疗忧虑的有效方法，当你忧虑的时候，不妨试着让自己沉浸在有意义的事情中。

3.从多个方向看待问题

很多时候，我们之所以会产生忧虑的情绪并不是因为我们本身无法掌握事情或者很难把握，如担心自己无法完成某项任务、担心自己在重大活动中表现不佳。静心思考一下，其实，我们所忧虑的事情大多不会发生，并且忧虑对我们解决问题并没有帮助。当有忧虑情绪出现的时候，不妨学着心理暗示，告诉自己所担心的事情大多不会发生，自己设想的是最糟糕的情况，我们完全有解决问题的能力。遇到事情的时候，我们学会保持冷静，不忧虑还没发生的事情，这样自然能够消除我们的忧虑。有心理学研究表明：实际上，人们忧虑的事情大多不会发生。所谓的忧虑更多的是我们的庸人自扰。

智慧寄语

忧虑是成功的绊脚石，它将我们蒙蔽起来无法看到生活中的快乐，让我们的生活充满忧愁，使我们丧失面对困难的勇气，忧虑会让我们的生活变得一团糟，让我们的前途一片黑暗。忧虑如同慢性毒药，逐步侵蚀我们的生活，但是不要惊慌，忧虑是很多人都有的心理现象。只要我们意识到忧虑的害处，不要恐慌，不要退缩，直面忧虑，就能彻底摆脱忧虑的困扰，重新回到快乐、健康的生活。

活得尽兴，无所羁绊

每个人都想获得幸福的生活，而有的人将金钱当作衡量幸福的标准，其实，有钱的人不一定是幸福的。

金钱并不是衡量快乐的唯一标准，富有的人未必比贫穷的人更快乐。很多富有的人，争名逐利，整日活在算计中，长年累月心劳力拙，神经高度紧张，虽然有很多钱财，有物质基础，最终还是得不到快乐。

人的一生中，享受生命本身远比拥有财富的意义更大。人在追求梦想的同时可以尽量活得更富裕一些，但不能没有原则地去追求财富，否则所享受到的远不如原本生活中的美好。每个人的生活中都有很多美好的风景等着我们去观赏，金钱多一些有多一些的活法，金钱少一些有别样的惊喜。

每个人都有自己的追求，或者是精神层面的，或者是物质层面的。可是当你去追逐声色犬马的物质享受时，你的内心能过得真正快乐吗？而对于那些追求精神快乐的人来说，他们的生活永远是幸福、快乐的，遇到困难也不能阻碍他们前进的脚步。

在生活中，我们面临着许多的诱惑，也许一不小心，就走进诱惑的陷阱，在物质享受中迷失自我，在金钱的旋涡中不断挣扎，为更好地生活不断追求。等获得了自己所追求的美好的时候，才会发现自己早已千疮百孔，连自己原本拥有的快乐都已经失去了。

那么，如何才能活得尽兴呢？

1.做金钱的主人

金钱能改善我们的生活，但并不是全部，不要成为金钱的奴仆而不自知，最后被金钱拖进深渊。其实，金钱只有在使用时方能显示出其价值，而将其放着不用，则毫无意义可言。一个人一旦受不了金钱的诱惑，开始变得毫无原则，也就走进了它的陷阱，也就错过了生命中那些稍纵即逝的美景。其实，生活中除了钱还有许多有意义的事情可以去做，可以去追求，不要沉浸在金钱的追逐中，有时候金钱并不能改善我们的生活，而是一种毒药，荼毒我们的生活。

金钱并不是衡量幸福的唯一标准。把金钱当作唯一追求的人，他的人生注定是悲哀的。他们即使有再多的金钱，也并不能获得更多的幸福和快乐，相反只是将自己拉入了痛苦的欲望深渊。所以，我们不妨学着正确取舍，对我们有益的、积极向上的事情，我们选择不断追求；不利于我们健康发展的，纵使充满诱惑，也要不为所动，学会拒绝，这才是明智的抉择。否则，过度地追求只能成为沉重的负担，让我们负重越来越多，生活在压抑中。什么才是富有的人，谁也无法说出一个统一的标准。让金钱成为我们生活的点缀，而不是生活的全部，这样才能活得潇洒、恣意！

2.淡泊名利，潇洒生活

在生活中，每个人都以追求潇洒、自由的生活为目标，但最终实现目标的并没有多少。很多人总是活在苦恼中，为功名利禄所恼，使得原本轻松、自由的生活开始变得不平衡，开始患得患失，内心也失去了原本的宁静，那么，怎么才能够潇洒地生活呢？其实，淡漠名利一些就能获得更加轻松、潇洒的生活。

一个人若不迷失在名利中，那么也能容易获得积极、乐观的态度，更能活得尽兴。有的人总是嘴上说着不在乎名利，其实内心早已失去自我，还在自欺欺人。这种人在追名逐利中虚度自己的时光，始终摆脱不了名利的诱惑。

智慧寄语

现实生活中的诱惑很多，千万不要在其中迷失自我，享受生活才是最重要的。幸福不幸福从来不是靠自己有多少财富衡量的，我们本身已经拥有了很多，不要等失去了才追悔莫及。

第15章 每个女人，都该在工作中找到快乐

在工作中，我们不仅能够收获维持生计的金钱，还能实现自己的价值。不将工作当成一种折磨，生活将多点快乐。在工作中我们能施展才华，碌碌无为的人生将是悲哀的，不妨试着发现工作的乐趣，享受生命的每一分每一秒。当工作也成为一种享受，生命将因此而精彩。

如果视工作为一种乐趣，那么人生就是天堂

人生最大的价值，就是对工作有兴趣。爱迪生说：“在我的一生中，从未感觉是在工作，一切都是对我的安慰……”然而，在职场中，很多人都把工作当成一种折磨，对待工作也没有多少热情。每天早上醒来，心里想的就是一天上班的生活就要开始了，早上起来就没什么好心情，拖拖拉拉地来到办公室，面对工作也没什么动力，到了下班的时间，立马就活力满满，开始投入了休闲娱乐中。其实，如此生活，最终伤害最深的就是自己，当工作成为一种义务，那么大部分的时间我们都处在被折磨中。若将工作当成一种乐趣，那么生活和工作因此而精彩。

心理学家认为，成功的起点是首先要热爱自己的职业。卡尔文·库基说过：“天真的快乐不是无忧无虑，不只是享受。这样的快乐是短暂的，缺少一份充满魅力的工作，你就无法领略到真正的快乐和幸福。”工作也是一种享受，你要做的就是找到它的乐趣。工作是我们生活的重要部分，我们需要花费很多的时间在这件事情上，为什么不能将工作当成一种乐趣，快乐地工作呢？

也许有时候我们经常问自己，自己在工作中能过得快乐吗？在工作中，付出和回报成正比吗？自己是否有换工作的想法呢？自己工作到底是为了什么呢？每天的工作给自己带来了什么呢？

有的人觉得自己无法在工作中获得快乐，觉得自己在工作中总是充满负

能量，总是抱怨自己的工作，抱怨工作中的不快，感觉工作远不如想象中那么好，对工作产生了厌恶感，甚至产生了不想工作的念头。那么，该如何避免对工作产生厌倦？

1.消除工作中的厌恶

我们目前所从事的工作也许并不是自己喜欢的，但是只要消除自己内心的厌恶感，就能让工作更加轻松，也更能享受到工作的乐趣。人们之所以对工作产生厌恶感可能是因为工作上遇到困难或者工作枯燥等，当把一个个小任务当作一项项考验，完成后肯定自己的成绩、给自己赞赏，就能摒弃工作中的厌恶感，也能找到更多的小惊喜。

2.发现工作中的乐趣

洛克菲勒说：“如果你视工作为一种乐趣，人生就是天堂；如果你视工作为一种义务，人生就是地狱。”工作能充分运用到你的学识、经验、能力等，当你投入的激情与时间增多，你在工作中的表现将给你最真实的反馈，你的工作效率会提高。不仅如此，在全身心地投入工作时，就会感到工作充满了乐趣，充实自己的生活，让人生充满快乐。

不管在工作中遇到何种困难与挫折，千万不要对工作产生厌恶感，因为这些客观现实你是无法改变的，消极对待只会让状况更加糟糕，不如以一种积极的心态面对，你将得到意想不到的惊喜。

3.专注

在工作中认真专注的人，往往能更快、更好地完成工作。而一个不认真工作的人，就很难如此。无论是在哪个领域，哪个公司，领导都不喜欢不认真工作的人，也很难将重要的事情交给这样的员工。不专心工作的人也很难有大的发展空间，而工作专心致志的人，他们能更好地把握展现自己的机会，高效率地完成工作，让领导看到自己的优秀工作能力。

在工作中，我们应该多些专注力，认真做好自己的分内工作。只有当我们认真工作的时候，我们的大脑才会集中精力，才能更加高效地完成任务。若我们注意力不集中，在工作期间想一些与工作无关的事情，那么，我们的工作效率肯定会大大下降，即使完成了工作也无法保证工作的质量。专注的工作让我们精神集中，即使手头有许多工作等着完成，我们也能分清主次，有条不紊地完成工作。在职场中，有了专注力，能让我们工作表现更加突出，让我们有更加广阔的发展空间。

智慧寄语

将工作当成一种乐趣，点燃工作的热情，发现工作的更多兴趣，上班不再是一种折磨，而是一种享受，在工作中实现自己的价值。当工作成了你热爱的事情，你将收获颇多。

工作如果是快乐的，那么人生就是乐园

高尔基曾经说过：“工作如果是快乐的，那么人生就是乐园；工作如果是强制的，那么人生就是地狱。”工作是对人心智、学识、生活能力最好的检验，对工作充满热情，能够快乐工作的人，能享受到工作中的动人篇章。

如果你能快乐地工作，全力以赴地投入，就能在工作中体会到满足感。当完成一天的工作后，享受休闲的时光，过自由自在的生活，这就是对我们最好的嘉奖，能让你的生活更加充实。

如果倦怠工作，将工作当成一种折磨，那么就会产生厌烦情绪，在工作上也不会表现很突出，也没有什么大发展。不如将工作和乐趣相结合，在工作中

展示自己的亮点，实现自己的价值，充满自信地面对生活，还能感染到身边的人，充满积极向上的力量。

1.保持乐观积极的心态

心态对我们的影响是十分大的。你完全可以自己选择，是积极的心态还是消极的心态。同样是面临困难，拥有积极心态的人能够直面挫折，勇敢前行；拥有消极心态的人，很可能将挫折放大了，在现实面前低头。所以，将要面临什么样的未来，你拥有绝对的选择权。

2.用成就感激励自己

与过程相比，结果更能激励我们向上。在每完成一件事情的时候，我们要学会欣赏自己的劳动成果，将这一段经历当作我们美好的回忆，激励我们不断前行，直到到达成功的彼岸。

3.努力寻找工作中的乐趣

即使是面对无聊、单调的工作，只要有一双善于发现的眼睛，就能发现许多有趣的地方。当你在吵闹的环境中的时候，可以把那些原本嘈杂的声音当作动听的音乐欣赏，虽然这只是一种心理暗示，但是却能真正调节我们的情绪，让我们的生活有更多的快乐。生活如此，工作亦是如此。

4.兴趣只有在深入了解工作特点之后才会产生

对问题的一知半解很容易让我们不喜欢自己的工作，只有深入了解自己不懂的问题并对其产生兴趣的时候，才更能享受到工作的乐趣。从你喜欢上自己的工作开始，工作就成为生活的调剂，让生活更加精彩。你必须爱上你的工作，才能获得更大的成功，收获更多的快乐。

智慧寄语

工作能够提高我们的能力，激发我们的潜能以及帮助我们适应生活的节奏。一个对工作充满激情的人，能够发现工作中的乐趣，不仅能够提高工作效率，还能享受到工作中的美好。

把工作和兴趣结合起来

我们无法保证，每天都是在干自己喜欢的工作，就算你总是不断寻找、不断换工作也无法找到完全符合自己意愿的工作。既然我们无法改变事实，就应该学会改变自己，学会适应工作。当我们觉得工作枯燥、无聊的时候，也要试着充满激情地工作，将工作和兴趣相结合。

如果你觉得现在从事的工作和自己的兴趣不合，就必定不会在工作上大费工夫，觉得工作简直是一种折磨，必定会对工作提不起兴致，感到工作起来简直就是受罪。既然享受工作是一件十分难实现的事情，那么试着把你的工作变成你的兴趣所在，就能享受更多的美好。你最好可以找到一个能够发挥潜力、激励自己的工作。长远来看，将工作和兴趣相结合，将会有更好的发展。

学会从工作中获得乐趣，即在苦中也能寻乐，那将收获快乐的人生。以积极的心态面对工作，享受工作，以下就是几种可以从工作中获得乐趣的方法。

1.努力工作，享受工作的乐趣

一个对工作认真负责的人，会有一番不同的体会，在单调平凡的工作中，发现很多平时没有发现的乐趣。在工作中，发挥自己的潜能，表现突出，提升自己的自信心，发现工作中的惊喜。这样一种敬业、主动、负责的工作态度和精神让你的思想更开阔，工作变得更积极，生活也更加幸福。

工作能够给你带来各种回报。工作回报给你的，不仅是用以满足基本的物质生活和精神生活需求的薪水，还能让自己享受工作带来的乐趣和成就感。

2.拥有好情绪

当有不良情绪的时候，不妨适当地发泄一下，以好情绪投入到工作中去。积极地看待任何事情，在工作中实现自己的自我价值，为企业创造效益，将热情投入到自己的工作中，怀着感恩的心态，用心对待工作中的每一个细节，在工作中时刻充满活力，积极发挥自己的主动性，快乐地工作。

3.把工作看成艺术创作

马丁·路德·金曾说过："如果你是一名清洁工，也要像米开朗琪罗绘画、贝多芬谱曲、莎士比亚写诗那样的心情对待自己的工作，这样，你就会从中发现很大的乐趣。"假如每个人都能把自己的工作当成艺术创作，每个人都是一个艺术家，将工作上升到艺术层面，那么你将发现工作的乐趣，就不会感觉工作枯燥、乏味了，哪怕工作再多，也不会感到痛苦。

4.把工作变为娱乐活动

把工作当作一种娱乐活动，那么工作也就成了一种享受，成了一种乐趣。若一个专业的舞蹈演员，把跳舞当作娱乐，那么就可以和普通的舞蹈爱好者一样，全身心地投入比赛。

智慧寄语

无论是多么困难、枯燥的工作，只要你从中找到兴趣点，全心投入，就能享受到工作给我们带来的乐趣。当你完成了一个小任务的时候，就能获得成就感，通过自己的能力克服一个个难关，然后向着下一个目标前进。这样不断努力后，在工作中的烦躁感也就消失了，最后自己也能喜欢上正在做的工作。

转行风险大，别轻易决定

在这个经济飞速发展的时代，人们也开始寻找更加适合自己的生活方式，寻找适合自己的工作类型，而许多人把转行当成了提高收入的手段，以此来提高自己的身价。其实，转行是有一定风险性的，若无大决心、坚持的动力，最好不要轻易尝试。

跳槽，多半是为了谋取更多的薪水、更高的职位或更大的发展。职业顾问提醒欲跳槽者，转行对我们未来的生活影响是深远的，需要我们慎重考虑，不可头脑一热就草率为之，否则只能自己承受苦果。当转行发展成一种习惯，我们总是将目光放在下一个更好的工作上，而不专注在自己目前的工作上，那么最后自己可能连当前的工作都会失去。所以，转行需要巨大的勇气，也需要慎重的考虑，只有在一个行业不断积累与开拓，才能到达事业成功的巅峰。

事业的成功需要坚定不移的耐力，以及不断的积累。而拿跳槽当习惯的人，学习的知识只是浅层次的表面功夫，还没有深入了解，就已经换了新的工作，那么何谈获得成功呢?

为了避免无效转行，需要注意以下几点：

1.出于高薪的诱惑而转行

有的人转行纯粹是因为被那个行业的高薪所吸引，于是放弃了自己奋斗了多年的工作而投入新行业的怀抱。其实，这是一种十分冒险的举动，你很可能得到的不是高薪而是一次难忘的经历。转行并不是一件轻松的事情，转入新的一行意味着你要重新开始，所有的事情都处于起步阶段，你还要付出很多的努力才能在这个全新的行业里出人头地，这还是幸运的。有的人可能等过了一段时间才发现自己并不适合这个行业，那时就后悔莫及了。

因此，在转行之前一定要有心理准备，必须能够接受薪资下降、职位下降等情况。人们应找准人生方向，认识到这些只是暂时的，只要自己付出努力必定能有所改善。半途而废的代价是惨重的，因为换行后是否有合适的岗位或者能否得到足够多的报酬都是难以预料的。

所以说，高薪虽然听起来很诱人，但是天上不会掉馅饼，若你无法适应这个新的工作，那么高薪也只是幻想。转行要慎重，不要将薪资作为衡量工作好坏的唯一标准。

2.为了赶时髦、赶潮流转行

很多人紧追时尚潮流，连工作亦是如此。其实，找工作不必追求潮流，在热门的行业里，一样有发展得不好的人；在别人不看好的行业里，也有很多发展不错的人。听起来发展势头强劲的工作也许并不适合你，无法为你提供施展自己才华的舞台，只有适合自己的才是最好的，何必追赶所谓的潮流呢？

很多行业的热门是一时的，如在网络发展迅猛的时候，很多传统企业的人都想分一杯羹，但是现实给了他们沉重的打击。就在他们放弃原本的行业，加入到互联网行业大军中时，网络经济的泡沫迅速袭来。在热门或者发展势头强劲的行业里，也许有更多的工作机会，但是并非每个人都能在那个行业里一展所长。因此，选择行业不要盲目遵循潮流，要保持理智慎重选择。

3.这山望着那山高

大多数人都会“干一行，怨一行”，做一份工作时间久了，就会抱怨自己的工作不好，总觉得公司没给自己提供足够的发展空间，总觉得外面的天地一定更加自由、宽广。在“这山望着那山高”的想法驱动下，很多人无法在一个公司工作很长时间，总是频繁地转行，自以为积累了很多经验，其实不过学了些皮毛。没有足够的经验积累，很难有巨大的发展空间，对职业发展极为不利。

智慧寄语

不管你是出于何种原因而选择跳槽，在实施之前都应该慎重思量，考虑自己是否适合，换工作是否有好的发展，现在的工作真的没有发展前途了吗等问题。这样的思考不仅能帮你解决目前所面临的问题，还是对自己的未来负责。不要因一时的冲动而给未来留下悔恨。

改变不良的工作习惯

培根曾说：“人的思考取决于动机，语言取决于学问和知识，而他们的行动则多半取决于习惯。”习惯的对我们有重要影响，习惯有时能主宰人们的命运。好的习惯促使我们不断向上，是成功的助力；而不良的习惯是我们追寻成功路上的绊脚石，阻碍我们前进的步伐。尤其是在工作中，若是你多一些好的工作习惯，将让你在同事间脱颖而出，获得领导的认同和信任，给你更多晋升机会和报酬。

在工作中，有的人有好的工作习惯，有的人有坏的工作习惯。良好的工作习惯是我们工作上的助力，它能弥补我们在学识或者经验方面的不足，从而让我们高效地完成任务。而不良的工作习惯则是前进的阻力，是我们职业生涯上的绊脚石，有时也是影响工作完成的关键。那么，不良的工作习惯有哪些呢？如做事丢三落四、马马虎虎、不负责任、吹毛求疵、拖拖拉拉、轻率等都是不良的工作习惯。不管是哪一个不良的习惯，都可能导致你的上司或者同事对你产生不满，你距离失业也就越来越近了。

好习惯和坏习惯有什么区别呢？好习惯一般是健康的、催人向上的、能让你的工作和生活更加积极的习惯。比如，做好工作计划，既能让你的工作更加有序，还能让你有充足的时间完成任务，提高工作效率。坏习惯自然就是不健康的、不利于他人的、影响你正常工作和生活的习惯。比如，做事拖拖拉拉，可能让你到最后手忙脚乱，还可能影响工作的整体进度。所以，你应该赶紧审视一下自己，哪些习惯是不好的，需要抛弃，重新培养好的工作习惯。

人并非生来就具有某些恶习和不良习惯，而是后天慢慢养成的。对于我们的生活和事业来讲，有些习惯虽然不好，但它们可能无碍大事，不会产生直接的冲突和严重危害；而有些则是我们获得幸福与成功的障碍。对于后者，我们应该努力改正并坚决摒弃，否则，这些恶习会影响我们的一生。

下面就是几种不良的工作习惯，希望你能认真了解，并与自己的工作习惯相对照，来发现自己的不足。

1.不注意协调与直接上级的关系

直接上级是你的直接领导，也是你工作的直接安排者和工作成绩的直接考评者。搞好与上级的关系不是让你去溜须拍马、阿谀奉承，而是要注意经常与上级沟通，了解上级安排工作的意图，一起讨论一些问题的解决方案，这样可以更有利于完成自己的工作。

2.忽略公司文化

每个公司都有自己的企业文化，不论公司是否宣传这些文化，它们都是客观存在的。特别是新员工，在刚进公司时，一定要留意公司的企业文化。企业文化，通俗地讲就是企业的做事习惯，不注意这些习惯，就会与其他人格格不入。

3.行动迟缓

在接收到工作任务之后，应该立即着手行动。很多工作都是多名员工相互协作开展的，由于你一人的迟缓而影响了整体工作的进度，会损害到大家的利益。有些时候，你可能因为客观原因无法完成某些工作，这时你应该立即上报你的上级，与他讨论问题的解决方案。无论如何，都不应该将工作搁置，去等待上级的询问。

智慧寄语

良好的工作习惯能极大地提高工作效率，能助你早日敲开成功的大门；而坏的工作习惯则常常阻碍你前进的步伐。千万不要以为习惯是无足轻重的事情，它的力量十分强大，往往是成功与失败的分水岭。

适当地休息是为了更好地工作

世界著名企业家福特说过这样一句话：“只知工作不知休息的人，犹如没有刹车的汽车，其险无比，而不知工作的人，则和没有引擎的汽车一样，没有丝毫用处。”只有会休息的人才能更好地工作。

我们要学会平衡工作和生活，给自己放松的时间。若是长期保持高强度的工作或者学习，则会妨碍生活和健康。所以，我们要学会将工作和学习放一放，安排一些休息的时间，让自己从繁忙的生活中解脱出来，重新获得内心的宁静，更好地把握生活的方向。

不懂劳逸结合的人就如同上紧的发条，身体迟早有一天会不堪重负，为了更好地工作，我们必须学会休息。休息是为了更好地工作，休息时间就尽情休息，不再被工作所困扰，只有如此，在工作中才能经常保持旺盛的精力。如果一个人工作时总想着休息，休息时又想着自己未完成的工作，那么最后的结果就只能是：工作效率不高，休息也没能休息好，自己还很累。

当长时间的工作后，疲惫和压力就会产生，这时如果不适当地调节一下，很可能引发情绪波动大、慢性神经衰弱等状况，这就需要我们自己适当安排一些休息时间，休息过后更加全身心地投入工作。人应该有自己的梦想，也应该努力追求，但是也不要过度地苛责自己，否则会让自己总是处在失望之中。给自己放松的机会，学会以轻松、平淡的心情看待事情，解放心灵的束缚，不让自己沉浸在焦虑的情绪中。唯有如此，你才能更好地工作，更好地休息，更好地实现自己的价值。

有的人觉得自己有很多的工作要完成，休息不是浪费时间吗？其实，休息与更好地工作并不是矛盾的，休息能够让一个人的大脑恢复活力，在工作中也能提高效率。身处激烈的竞争之中，每一个人都在为自己的梦想不断努力，想要更好地实现自己的梦想，有更高的工作效率，就应该注意工作中的调节与休息。

一个人若长时间不停地工作，那么就是在透支他的生命，工作效率也会大打折扣。这就要求我们在工作中要合理安排自己的时间，不但对自己的健康大有益处，还能减轻内心的负担，让我们更加轻松、更加精力充沛地去面对工作中的挑战。

1.选择适合自己的休息方式

休息有很多种方式，每个人的性格爱好不一样，给自己预备的休息时间也各有区别，可以根据自己的情况灵活安排。比如说，时间充裕的话可以小睡一会儿，或者出去散散步、打打球、与人聊聊天；若是时间不够，那就闭目养神，也能让人在短时间内恢复精力。

2.工作和休闲搭配得当

工作和休闲应该搭配得当，不能忙时累个半死，闲时又闲得让人受不了。可以隔三岔五地安排一个小活动，比如雨中散步、周末郊游等，适时地忙里偷闲，可以让人从烦躁、疲惫中及时摆脱，为了更好地工作而积蓄精力。

3.合理安排工作时间

美国的时间管理之父阿兰·拉金说过：“一个人做事缺乏计划，就等于计划着失败。有些人每天早上预定好一天的工作，然后照此实行，他们是有效地利用时间的人。而那些平时毫无计划，靠遇事现打主意过日子的人，只有‘混乱’二字。”一个人要提高自己做事的效率就要养成精心规划的好习惯，避免眉毛胡子一把抓。

工作的有序性体现在对时间的支配上，首先要有明确的目的性，很多成功人士都指出：如果能把自己的工作任务清楚地写下来，便能很好地进行自我管理，同时使得工作条理化，个人的能力得到很大的提高。

4.分散自己的注意力

科学使用大脑的最佳方法是劳逸结合。当在工作过程中出现过度紧张的状态时，应进行一些其他的活动来转移情绪指向，使紧张的情绪松弛稳定，逐渐恢复良好愉悦的心境，然后再重新学习。

智慧寄语

人不是机器，不能持续不断地工作，这样不仅损害了身体，工作效率也是会下降的。劳逸结合才是最好的工作方式，它不仅能够缓解人的压力，让头脑更加清晰，还能使你工作起来得心应手，轻松愉快。

第16章 多做互益的交际，帮助别人也是善待自己

人交际的目就是在互惠的原则下达到共存共荣。这时所谓的利益就不是金钱或名利，而是更好的精神层面，如互相督促、交流等。人际交往的技巧就是学会在别人需要帮助的时候，及时伸出援手，帮助别人的同时也是善待自己，只有这样这份情谊才能长久发展下去。

宽容待人，使自己快乐

法国伟大的人道主义作家雨果曾说过：“世界上最广阔的是海洋，比海洋更广阔的是天空，比天空更广阔的是人的胸怀。”若是一个人拥有了宽容之心，那么必定能受到身边人的喜爱，能够获得更多的朋友，成为一个更加优秀的人。宽容待人，宽容对待他人的错误，也是宽容自己。拥有了宽恕，能够放开内心的束缚，让内心更加快乐、自由，不被过去的伤痛所影响，重新拥有阳光明媚的生活。原谅一切，世界也开始变了一番模样。

宽容不但是一种低调做人的美德，也是一种处世哲学。人际交往中也需要感恩之心。宽容待人使人快乐，对人多一分宽容，生命中就多一丝暖暖的阳光。宽容让生命中多了些生机、幸福和快乐。

人无完人，每个人都有缺点，我们可以设身处地为对方考虑一下，若是自己有这样的缺点别人会如何做，对自己有什么重大影响。这样，我们也就找到了宽容他人的理由，宽容别人也就不那么难了。

宽容是人际交往的润滑剂，在人际交往中，因为有了宽容的存在，你将获得别人的尊重和赞扬，你也会获得珍贵的友谊。睚眦必报、心胸狭隘，只会让你身边的朋友越来越少。一个没有宽容之心的人，很难拥有真正的朋友，而他们的人生也很难获得成功。要改变人生，就应该友好地和他人相处，让他们成为我们强大的后盾。所以，我们应该拥有宽容之心，多一分理解，多一分忍让，生活就能多一些快乐。

宽容就像海洋般容纳百川，能够包容一切伤害、即将发生或者已经发生过的矛盾和争端。宽容使人们在软弱的时候也有了坚强的后盾。在遇到挫折的时候，宽容就像黑暗中的亮光，带领我们走向希望的明天；宽容就如同沙漠中的绿洲，给我们坚持下去的力量；宽容就如同悬崖峭壁边的救命绳索，激发人们向上的动力。想要获得更多的朋友、化敌为友，就应该多点宽容。宽容并不难，就是原谅他人的错误，勇于承认自己的错误，与身边的人融洽相处，让矛盾消失于无形，让生活多些快乐，少些争吵。面对未来，我们带着宽容，轻松、愉快迈步向前。

那么，该如何让自己变得更宽容呢？以下的方法仅供大家参考：

1.学会欣赏

著名作家托马斯·利考纳认为，宽容包括两个方面的内容：尊重和欣赏。其中的“欣赏”指的是欣赏差异，这些差异存在于每个不同的个体和不同背景、宗教、国籍的人之中，欣赏每一个人的优点，不要因为存在差异就失了欣赏之心。就如同世界上没有两片完全一样的树叶，每一个人都是独一无二的存在，我们应该学着接受人与人之间的差异。

因为有了差异，也就有了所谓的优秀和不优秀。其实，学会欣赏还要学会爱上自己。每个人都有自己的优点，不要紧盯着自己的缺点去和别人的优点比较，也不要总拿自己的优点和别人的缺点相比，瞧不起人。因此，我们应该学会欣赏，欣赏自己以及身边的人，欣赏他们的优点，宽待“弱者”，宽容“强者”。

2.设身处地为对方着想

当别人犯错误的时候，不要首先想到的就是指责对方，不妨试着换位思考一下，想想对方为什么会有这样的想法以及行为，这样也就能原谅对方的错误了，也就少了些抱怨，多了些理解，彼此的关系也更加和谐。

3.知道每个人都会有缺点

金无足赤，人无完人，每个人都不是完美的，都有一定的缺点。在与人相处的过程中，我们不要忘了这一点。面对别人的与众不同或者缺点，不要总是责备，完全可以求同存异。只要他们的缺点不涉及品质方面，完全可以多些包容，对于他人的无心之失或者缺点，也不要总是抓着不放，让过去的都过去。多些理解和宽容，能照亮我们的世界，也能让自己少些烦恼，多些快乐，在追求成功的路上不断完善自己。

当然，宽容并不是毫无原则，也并不是意味着懦弱，我是惧怕他人，没有自己的意见，这一点一定要牢记。宽容也是以明辨是非为基础的，对朋友、家人、身边的人多些宽容，少些争端，对坏人以及坏事则完全不用宽容，要绝不妥协，这才是理智的选择。

智慧
寄语

宽容，是一种处世的哲学。在宽容他人的同时，自己也能获得快乐。在日常生活中，学会了宽容他人，别人自然也会以宽容之心待你。当你需要帮助的时候，朋友也会伸出援助之手。宽容能够拉近彼此的距离，让人们相处更加融洽。

多点耐心，学会倾听也很重要

一个能够耐心倾听他人声音的人，总比一个只顾自己说而不关心他人的人讨人喜欢。与人交流的时候，只顾表达自己的想法，以自我为中心，根本不关心对方的感受，是很不礼貌的事情，很容易让对方产生反感。

倾听有时比说话更为重要。想要成就一番大事业，就要在人际交往中学会善于倾听别人的声音，而不是只顾着诉说自己的想法。这样就能既照顾到对方的感受，而又不使对方厌烦。

其实，在谈话的过程中，每个人都想要说自己或者自己感兴趣的内容，成功交际的技巧就是倾听对方的话语，满足对方的成就感。不要只谈自己，不要总在别人面前谈论自己的成就，让别人也说说自己感兴趣的内容，表面上你失去了表现自己的机会，实际上你得到的不止于此，还能收获友情、亲情、金钱等。

倾听是一种礼貌，是尊重对方的表现，表现出了对讲话者的高度赞美。倾听能够获得对方的喜爱，让他信赖你。每个人都希望获得别人的尊重，受到别人的重视。当我们真诚地倾听对方讲话的时候，不时表达自己的认同或者赞扬，对方一定能够感受到你对他的尊重以及重视，在无形中拉近了谈话双方的距离。

倾听的时候，要面带微笑，最好不要一心两用，还做其他的事情，应该表现出自己的真诚，适当地表示自己的认可，以免给人敷衍的印象。

那么，如何做到耐心倾听呢？

1.倾听时要目不斜视

当倾听对方说话时，不可东张西望，要做到目不斜视，眼睛盯着对方的鼻尖或前额，这样，对方就会觉得你很尊重他。切记不要直勾勾地盯住对方的眼睛，这是十分不礼貌的行为。

2.微笑倾听

在和对方交谈的时候，你应该面带微笑。微笑能够拉近彼此间的距离，微笑还有鼓励对方的作用，能让对方说更多他想说的话，从而增进彼此的情谊。

3.不要发出杂音

在倾听对方说话时，不要发出怪声或者触碰自己周边的事物，否则会分散对方的注意力，也就打断了或影响到对方讲话。

4.对于听不懂的问题要提问

在倾听时，对于那些自己难以理解的内容，不妨放心大胆地问出来，这样更能让对方感受到你在真诚听他说话。

5.记笔记的效果更好

在倾听的过程中，你可以记录下自己认为有价值的内容，动手记笔记的效果，比只用耳朵听好得多，这也是一种积累。

6.不要随意打断对方讲话

在对方说话时，不要随意打断对方的谈话，这样才能感受到你对他的尊重。

在现代社会，人们要和不同的人打交道，这也就要求人们掌握一些人际交往的小技巧。这样即使我们面对陌生人，也能相处融洽。如果和陌生人接触，不知说些什么，不妨先听听对方说什么。你耐心地倾听，通过倾听就能帮助你了解这个人。这样一段时间后，你们自然也就熟悉起来了。

智慧寄语

倾听，也是一种沟通方式，也能表达出对他人的尊重。我们应该学会耐心倾听，让对方也有表现自己、表达自己想法的机会。全神贯注、耐心地倾听，给对方送去的是一股暖流，是无声的关怀，更能拉近彼此间的距离，让交流更加和谐。

邻里间和睦相处也是一种人际交往

现如今，楼越筑越高，人们之间的距离也越来越远。自从从大杂院子搬到楼房，人们之间的关系好似也越来越疏远了，连同住一个楼层的邻居可能都不相识，打个照面也只是颔首示意而已，然后就是各走各路，在自己的一方天地里。其实和邻里间和睦相处，也是人际交往中不容忽视的一部分。

处理好邻里关系，与邻居和谐相处，就等于为自己的家加了一层温暖的保护。日常生活中，遇到困难的时候，邻居也会提供帮助。这些住得更近的人比其他朋友的帮助更加及时，能解救自己在危难之时。

邻里关系是一种以社会道德为基础，包括文化、价值观念等的社会关系，它不同于亲缘或血缘关系。邻里关系是每一个人会遇到的，好的邻里关系会成为你的助力。在困难的时候可以得到邻里的帮助，日常生活中也可以使思想得到沟通。反之，邻里关系不融洽也会招致很多麻烦。

邻里关系是一种人们不可脱离的社会关系，互相尊重、理解、关心是实现邻里和谐相处不可缺少的元素。

邻里间要和谐相处，应注意哪些呢？

1.主动问候

我们要能主动和邻居问候，不管是在哪里遇到了邻居，不要冷漠地走过，而应该主动上前问好，并正确称呼对方。即便是遇到同龄人，或者比自己年龄小的孩子，也要主动问候对方。在楼道里、电梯里与邻居相遇，除了主动问好，还要注意礼让，要让对方先行。如果在对方不方便的时候，也要伸出援助之手，如和对方在电梯偶遇，对方双手都拿着东西，你可以帮对方拿东西或者帮忙摁电梯，从点滴做起，发现真情。

2.彼此尊重

一栋楼或一个院子里，住着不同的人，大家都是从陌生开始逐步熟悉的。但不论从事什么工作，每个人在人格和法律面前都是平等的。大家可能来自不同的地方，受不同的文化影响，这就要求我们尊重邻居。还要注意，邻里之间相处，可以关心对方，但不要探听他人的隐私，更不可捕风捉影，乱传他人的闲话，造成邻里间矛盾重重。

3.注意公德

共享同一公共空间的邻居，住得如此近，还要注意讲究社会公德。在公共区域，注意保持卫生，合理使用楼道的空间，不要为了自己方便造成邻居的困扰。维护这些地方的卫生，人人有责。公共电灯坏了，为了不影响晚上的照明，应该在自己发现之后及时买一个换上；楼梯有垃圾，应该及时清扫。做一些事情的时候，也不要打扰邻居。例如，不要在邻居都已经休息的时候，制造出很大的噪声，影响他人的休息。

智慧寄语

远亲不如近邻，近邻不如对门。居住地的联系是一条纽带，把原本的陌生人联系起来。在邻里相处的过程中，我们应该多些包容与理解，共同营造和谐的关系，自然能够相处融洽。那么在自己需要帮助的时候，邻居也能及时伸出援助之手。

人际交往也要常怀感恩之心

感恩是什么？感恩是一种态度，是一种积极向上的选择，是一种精神境界，更是一个人的世界观。感恩，体现了人与人之间交往的准则，拉近了人与人之间的距离。感恩无处不在，我们需要感谢的人或者事物有很多，如父母、朋友、敌人、社会、自然等。而在人际交往中，我们也需要常怀一颗感恩之心。

感恩是一种处世哲学，也是生活中的大智慧。人生在世，总是充满坎坷，总是有难关考验着我们。这时是选择一味抱怨生活，就此消沉，还是心怀感恩，不畏艰难困苦，直面困难，勇敢前行？英国作家萨克雷说："生活就是一面镜子，你笑，它也笑；你哭，它也哭。"感恩不纯粹是一种心理安慰，也不是逃避现实，而是以更加积极的心态面对生活。感恩，是一种生活方式，它源于对生活的爱与希望。

感恩是认定别人给予你的帮助的价值，是彼此感情顺畅交流的一种有效手段。当别人给予你帮助的时候，即使是最亲近的人或者敌人，也要感谢对方，正是因为他们的相助让我们在失败中不断成长，提升自我，以更加强大的力量去迎接未来的挑战。

一个人如果没有一颗感恩的心，只是一味地索取着，不知满足，那么，即使再好的感情也有消耗殆尽的时候。感恩，是为自己而感恩，感谢命运，感谢每一次挫折让我们不断成长，感谢曾经的所有成就了今天的自己。

那么，我们该如何感恩呢？

1.感恩，珍惜所有

做人要学会感恩，懂得感恩，时时用一颗感恩的心来对待周遭的一切，更要懂得珍惜，珍惜你拥有的一切，珍惜亲人、珍惜朋友、珍惜每一件值得珍惜的事。心怀感恩，生活会是一朵永不凋谢的花；懂得珍惜，幸福也就常常不期而至。因为感恩，人与人之间的距离越来越近；因为感恩，世界变成了爱的海洋。拥有一颗感恩的心，你就能时时触摸幸福。

感恩之心是女人最珍贵的所有。一个懂得感恩的人，一定是具有良好修养的人，一个真诚待人的人，一个洒脱、幽默的人。其实，拥有一颗懂得感恩的心是人们通向快乐之门的钥匙。感恩，也许不需要你多少物质的回报，只需要你一个真诚的微笑，一句暖心的话语。然而，感恩却可以让世界充满温馨的气息，让生活充满明媚的阳光。

2.常说“谢谢”，让人际关系更融洽

“谢谢”也许是我们最习以为常的表达感恩的方式了。美国一项最新研究表明，一声“谢谢”不仅可以表达自己的感谢之情，还会使人际关系更加融洽。研究发现，受助之人对施助之人说声“谢谢”，不仅会使双方感到愉悦，而且会使受助之人更积极地看待施助之人，产生知恩图报的想法。简单的一声“谢谢”，还会使双方更积极看待相互间的关系，产生一种良性互动。

3.感恩，获得幸福

如果你有一颗感恩的心，你会对你所遇到的一切都抱着感激的态度。这样的态度会使你消除怨气。早上起来的时候，你看到窗外的阳光，你会感恩；吃一块面包，你会感恩；接到朋友的电话，你会感恩；在树上看到一只鸟在唱歌，你会感恩；看到猫咪睡在你的床头，你会感恩。然后你的一天乃至你的一生，就在这感恩的心情中度过，那你还有什么不幸福的呢？

智慧寄语

“人非草木，孰能无情。” 在这个纷繁复杂、瞬息万变的世界中，感恩就是最好的处世之道。学会感恩，生活因感恩而美丽，人生因感恩而充实。不时地听到人心不古这样的慨叹，而化解人与人之间的猜忌，布置和谐的音符往往就是一句小小的“谢谢”。学会感恩，你将为自己赢得一片天空，人生因感恩而美丽，世界因感恩而精彩。

赠人玫瑰，手有余香

帮助他人，也是在善待自己。人生的路上，每个人都会遇到困难，需要身边的人给予支持、帮助。你帮助了别人，将这种爱心传递下去，别人也向他人提供帮助，这样不断地发展下去，终有一天，势必会成燎原之势，造就一个更美好的世界。当你在寻求帮助的时候，也会有人挺身而出。当你把互不相识的人也当作亲人一样去关心、爱护，那么周围的人都将成为你的家人，你就有了一个更大的家庭，更温暖的港湾，每个人都能感受到这份温暖，这就是人生的美好境界。

爱默生说过：“人生最美丽的补偿之一，就是自己真诚地帮助了别人之后，别人也真诚地帮助了自己。”在别人需要帮助的时候伸出援手，不仅能帮到别人，还能使自己快乐。

俗话说：“赠人玫瑰，手有余香。”帮助别人能让自己更加快乐。其实，无论在工作中还是生活中，你若能积极帮助他人，那么也是在帮助自己。人脉关系也是一种财富，需要我们不断积累，也需要我们投入感情。在工作中，良好的人际关系能让我们事半功倍。随着我们帮助的人越来越多，得到他人的反馈也相对越多，如此做也就大大增加了你成功的概率。真诚地帮助别人是每个人都应该学着去做的，这也是一种感情投资。帮助别人也是帮助自己，等到我们需要帮助的时候，他人也会向我们伸出援助之手。

帮助他人也是在帮助自己，如果每个人都能多付出一点点，这个世界将变成美好的春天。或许，你不经意间的帮助，能够改变很多。不要以为你的付出都是做无用功，总是没有什么回报。要知道，回报不一定是立刻就出现的，也许就出现在未来的某一天，当我们身处困难之时，也会有不计得失的人出现，将我们带离这不好的状况。

每个人在遇到困难时都想要寻求他人的帮助，那么，我们就应该从此刻做起，点滴积累，时刻准备着帮助他人，在别人困苦的时候及时尽自己的一份力量，施以帮助。请牢记：只要播撒善良的种子，将收获爱的森林。

帮助别人的同时，对自己有什么益处呢?

1.看清事实

帮助别人能让你看清事实，认清自己所面临的困境。和别人相比，自己身上的负担也就没有那么重了。同时看清别人在面临挑战时，所表现出的勇气，不畏难关的精神，你就会意识到，自己所面临的困难也没那么难以克服。

2.帮助别人，快乐自己

在别人遇到困难的时候，即使能够帮助到的十分有限，可能只是几句简短的问候或安慰，你也能有所收获。这种收获并不是指金钱或者他人给你的回报，而是满足了人类最深刻的需求，对于奉献感的需要。只有不计回报地付出，才能体会到的那种满足与快乐。

3.帮助别人也是帮助自己

帮助别人也是在帮助自己。

在帮助别人的同时，你会收获成就感，正是这种感觉激励着你不断前进，不被困难击败，走向成功的彼岸。在无私地帮助了他人之后，你就会发现，你的内心是快乐的。并且，从这件事情中，你还能增强在处理事情方面的能力，在帮助别人的过程中，不断成长。

当我们身处困境的时候，对于那些能够主动伸出援手给予我们帮助的人，我们总是心生感激，并印象深刻。其实，你希望看到什么，你就应该先给予对方什么。想要获得快乐，不妨先学学帮助他人，主动为他人做一些力所能及的事情。那些总是为别人着想、主动帮助别人的人，总会能获得大家的喜爱，获得内心的快乐。

智慧寄语

帮助别人等于帮助自己。你的每一次帮助、每一份真心都会成为你快乐的源泉，带给你不断向上的动力。正如一句谚语所言：“赠人玫瑰，手有余香。”帮助别人不仅给别人带去温暖，也会温暖自己。要知道，帮助别人就是善待自己，真正的帮助是不计回报的，但最终会收获生活给我们的惊喜。

参考文献

[1]杨承清.聪明女人一定要懂的男人心理学[M].上海：上海科学普及出版社，2012.

[2]俞敏洪.在绝望中寻找希望[M].北京：中信出版社，2014.

[3]吴维库.阳光心态[M].北京：机械工业出版社，2006.

[4]吴淡如.性格决定幸福[M].南昌：二十一世纪出版社，2008.